蓝莓

高效基质栽培技术

LANMEI
GAOXIAO
JIZHI
ZAIPEI
JISHU

曾其龙　董刚强　於虹　主编

化学工业出版社

·北京·

内容简介

本书是作者团队在30余年的蓝莓研究工作基础上，结合蓝莓生产管理经验编写的蓝莓基质栽培关键技术图书。主要内容有蓝莓基质栽培的现状与发展、蓝莓生物学特性、主要品种、园区建设、田间管护、病虫害防治和果实采收等，可供蓝莓专业技术人员、科研人员、生产者以及其他从业人员参考。

图书在版编目（CIP）数据

蓝莓高效基质栽培技术/曾其龙，董刚强，於虹主编. —北京：化学工业出版社，2024.2 (2024.7重印)
ISBN 978-7-122-44459-2

Ⅰ.①蓝… Ⅱ.①曾… ②董… ③於… Ⅲ.①浆果类果树-果树园艺 Ⅳ.①S663.2

中国国家版本馆CIP数据核字(2023)第220744号

责任编辑：李　丽　　　　　　　　文字编辑：李　雪
责任校对：李　爽　　　　　　　　装帧设计：韩　飞

出版发行：化学工业出版社
　　　　　（北京市东城区青年湖南街13号　邮政编码100011）
印　　装：北京缤索印刷有限公司
850mm×1168mm　1/32　印张4¾　字数119千字
2024年7月北京第1版第2次印刷

购书咨询：010-64518888　　　　　售后服务：010-64518899
网　　址：http://www.cip.com.cn
凡购买本书，如有缺损质量问题，本社销售中心负责调换。

定　　价：39.80元　　　　　　　　版权所有　违者必究

编写人员名单

主　编

曾其龙　江苏省中国科学院植物研究所

董刚强　安利（中国）植物研发中心有限公司

於　虹　江苏省中国科学院植物研究所

参编人员

田亮亮　江苏省中国科学院植物研究所

韦继光　江苏省中国科学院植物研究所

颜俊魁　建水县天华山果蔬商贸有限公司

蒋佳峰　江苏省中国科学院植物研究所

严天崎　红河柏睿农业科技发展有限公司

凡跃兴　红河柏睿农业科技发展有限公司

孙金喜　建水县天华山果蔬商贸有限公司

前 言

　　蓝莓（Blueberry）又称蓝浆果、越橘，为杜鹃花科（Ericaceae）越橘属（Vaccinium）多年生灌木，是一种新兴小浆果类果树。自20世纪80年代引入中国以来，随着蓝莓的营养价值和保健功能被越来越多的人所认识，蓝莓需求量与日俱增，栽培面积迅速增长。截至2020年底，全国蓝莓栽培面积已达100万亩，产量达347200t，中国已超越美国成为世界栽培面积和产量第一的国家（李亚东等，2021，2022）。

　　2014年美国小浆果龙头企业Driscoll's在我国云南建水县利用基质栽培技术生产蓝莓，实现当年种植、当年丰产。生产实践中发现该技术不仅可以加快蓝莓生长和挂果，而且还具有省水、省肥、省力、省工等特点，适合标准化生产和管理，且生产效率高。在云南地区利用冷棚，可实现蓝莓11月份上市，具有极高的经济效益。此外，该技术也突破了蓝莓对土壤的严苛要求，实现了立地困难地区的蓝莓生产。基于此，国内大量种植者尝试利用该技术生产蓝莓，基质栽培面积增长迅速。然而，该种植模式一次性投资大，栽培管理技术涉及面广，技术要求精细，国内在该技术领域仍在一定程度上受到国外企业的限制，技术和管理人才储备极其匮乏，极大地增加了种植的风险和成本。

　　2015年江苏省中国科学院植物研究所蓝莓团队与国内第一家蓝莓基质栽培企业——建水县天华山果蔬商贸有限公司，以及安利（中国）植物研发中心有限公司合作研发蓝莓基质栽培技术，经过 7 年的研究和生产实践积累，2021—2022 产季实现千亩种植园平均亩产达 1.35t，蓝莓'珠宝'品种实现亩产 2.8t，超越了国外企业所报道的最高亩产。成功打破了国外企业的技术封锁，构建了基于园区建设、苗木栽培、水肥灌溉、树形管理、病虫害防控、采收管理等方面的蓝莓基质栽培技术体系。本书对蓝莓基质栽培涉及的技术环节进行了归纳总结，同时配以形象直观的图片，力求图文并茂、通俗易懂，旨在为蓝莓基质栽培从业者提供技术指导，以满足广大果农需要，同时对科研、教学人员及果树技术工作者也有一定参考价值。

本书涉及的内容是江苏省科技厅"南方高丛蓝莓混配基质容器高效栽培技术研究与示范"，江苏省农业科技自主创新项目"避雨栽培蓝莓果实品质提升技术研究"，安利（中国）植物研发中心有限公司"功能性植物快速选育的生境实时精准控制技术研发"，建水县天华山果蔬商贸有限公司"基质栽培蓝莓技术开发"等科研项目的部分成果。

在本书编写过程中，严天崎、凡跃兴、孙金喜三位来自企业的老师提供了大量实践信息。

本书的编写出版是全体作者、审稿专家和出版社编辑人员共同努力、团结协作的成果，在此表示衷心感谢。本书编写过程中除了使用作者团队自己的调查数据和文献之外，还参考了国内外专家学者的论文和著作，在此一并表示感谢。

由于编者水平有限，书中难免存在疏漏，恳请各位同仁及广大读者予以批评指正，以便今后不断完善。

编者

2023 年 10 月

目　录

第一章
中国基质栽培蓝莓产业发展现状及趋势

一、中国蓝莓产业发展现状

　　蓝莓为杜鹃花科（Ericaceae）越橘属（Vaccinium）落叶灌木，根系分布浅，呈纤维状，无根毛，养分吸收能力弱，对干旱和涝害敏感，仅适宜在有机质含量丰富、排水透气性强、酸性（pH值 4.5～5.2）的疏松土壤上生长（顾姻和贺善安，2001）。中国于20世纪80年代开始引种蓝莓，2000年进入商业化栽培，截至2020年底，全国蓝莓栽培面积已达100万亩（1亩≈667m^2），产量达347200t，鲜果产量234700t（李亚东等，2021），已超越美国成为世界栽培面积和产量第一的国家（李亚东等，2022）。作为非本土经济作物，蓝莓产业在中国经受了生产技术、自然灾害、市场竞争、消费习惯等的严格考验，已初步形成由北到南6个生产区域的格局，即露地生产"区域晚熟"的长白山产区、以保护地栽培为主的辽东半岛产区、以鲜食北方高丛蓝莓品种为主的山东半岛产区、鲜食和加工品种兼顾的长江流域产区、以加工品种为主鲜食为辅的贵州产区和以早熟鲜食品种为主的云南产区（李亚东等，2016；於虹等，2018）。6大产区通过地理区域布局和设施生产相结合等实现了全国11月至翌年8月的蓝莓供应。中国生产的蓝莓几乎全部供应国内市场，此外还从秘鲁、智利等9个国家大量进口蓝莓鲜果，进口量从2012年的499t增加至2020年的22045t，巨大的生产潜力和市场需求使中国成为全球范围内的蓝莓生产和销售中心（李亚东等，2021）。

　　蓝莓进入中国30余年间，北方高丛蓝莓、南方高丛蓝莓、兔眼蓝莓和矮丛蓝莓等4大类群数以百计的品种均已引入国内。长江以南地区蓝莓栽培品种涵盖了南方高丛蓝莓、兔眼蓝莓和北方高丛蓝莓3个品种类群。南方高丛蓝莓品种有'优瑞卡'（'Eureka'）、'蓝美1号'、'薄雾'（'Misty'）、'奥尼尔'（'O'neal'）、'莱格西'（'Legacy'）、'绿宝石'（'Emerald'）、'珠宝'（'Jewel'）、'天后'（'Primadonnar'）、'春高'（'Springhigh'）、'明星'（'Star'）、'茶花'（'Camellia'）、'云雀'（'Meadowlark'）、'法新'（'Farthing'）等。兔眼蓝莓品种有'灿烂'（'Brightwell'）、'粉蓝'（'Powderblue'）、'巴尔德温'（'Baldwin'）、'梯芙蓝'（'Tifblue'）、'杰兔'（'Premier'）、'顶峰'（'Climax'）、'泰坦'（'Titan'）等。北方高丛蓝莓主要种植于西南高海拔地区，主要有'瑞卡'（'Reka'）、'蓝金'（'Bluegold'）、'蓝丰'（'Bluecrop'）和'北陆'（'Northland'）。长江以北地区主栽蓝莓品种主要有'瑞卡'（'Reka'）、'公爵'（'Duke'）、'醉婆'（'Draper'）、'蓝丰'（'Bluecrop'）、'自由'（'Liberty'）、'北陆'（'Northland'）、'莱格西'（'Legacy'）、'蓝金'（'Bluegold'）等。

　　值得注意的是，随着大量新品种的引进以及苗木经销商和一些种植者对新品种的追求，南方产区呈现多品种种植的生产状态。据调查，过去十余年的苗木销售量数以亿株计，远远高于现有蓝莓种植面积的苗木消费量，说明蓝莓苗木成园率较低（於虹等，2018）。2020年，我国蓝莓种植面积占全球的32.28%，而产量仅为全球的20.5%（IBO，2021）。全国单位面积产量低，尽管有幼龄果园所占比例大的因素，但是现有果园很多都属于低产园是主要原因。一方面由于过分追求早熟、皮薄、味优的新品种，而不考虑其生态适应性，想当然地发展未经试种检验的所谓优良品种。

例如：蓝莓品种'优瑞卡'，以果大、脆、甜、产量大而著称，并在全国各地全面推广，该品种生长势强，树体大，但地栽条件下坐果率极差，且易感灰霉病和白粉病，种植风险大，不适合大面积种植。另一方面种植者对蓝莓生物学特性理解不足，以传统果树栽培的理念和方法对待蓝莓栽培，给产业带来不容忽视的桎梏。当然，在我国各个蓝莓产区，均出现了鲜果产量亩产超过1t的优质果园，甚至出现亩产1.76t的高产果园（曾其龙等，2018），表明在生态条件基本合适，品种选择恰当，栽培管理到位的情况下，蓝莓大面积种植同样可以达到世界一流水平，这也表明我国蓝莓产业发展潜力巨大。

巨大的市场需求，吸引了全球十余家跨国企业到我国规模化种植蓝莓，这些跨国企业使用自有的专利品种和基质栽培技术，在云南这个鲜果优势产区生产。截至2020年，跨国企业已建设蓝莓园3万余亩，鲜果产量占据我国鲜果市场份额的10%，并预计未来10年内将占据全国30%鲜果市场份额（李亚东等，2021）。这种以专利品种为核心的规模化、标准化生产模式对我国蓝莓生产企业产生巨大压力，但也极大地推动了我国蓝莓产业的生产技术升级和自主知识产权蓝莓品种选育的加速。一方面水肥一体化技术得到了更广泛的认知和应用，同时也出现了建水县天华山果蔬商贸有限公司等企业，自主构建基质栽培技术体系，在云南基质栽培蓝莓首年就实现平均亩产高达1.2t，2021—2022产季实现'珠宝'品种亩产2.8t。另一方面，不仅科研院校加大了新品种研发工作，同时越来越多的企业也启动了蓝莓新品种选育项目。最具代表性的是浙江蓝美农业有限公司，其自主选育的'蓝美1号'，具有土壤适应性强，耐夏季高温，自花结实，雨季基本无裂果，早产性好，高产稳产，丰产期亩产达1t以上、果实花青素含量高和加工性能好等优点，全国已种植20余万亩，成为我国乡村振兴的优质先锋蓝莓品种和首个国家良种（韦继光等，2022）。

二、蓝莓基质栽培的发展历史

蓝莓基质栽培是指让蓝莓根系生长于天然或人工合成的固体基质中，通过基质固定根系，并向蓝莓供应水、肥和氧气的生产方法。基质栽培在蓝莓苗圃早有运用（Fulcher et al，2015），生产上也有将蓝莓种植于松树皮或草炭种植垄的方式（Krewer and Ruter，2015）。据笔者所知最早是 2011 年，国际小浆果种植龙头企业 Driscoll′s 在美国加利福尼亚州开始利用基质栽培技术实现蓝莓规模种植。后大量学者和企业就栽培基质、营养液配方、种植盆体积等进行了一系列研究（Ochmian et al.，2010；Voogt et al.，2014；Kingston ct al.，2017；Pinto et al.，2017），筛选出草炭、椰糠和珍珠岩混合基质或纯椰糠两种栽培基质，并确定 25L 种植盆或种植袋适宜蓝莓商业化种植。随后，墨西哥、澳大利亚、南非、摩洛哥、西班牙、中国等国家陆续开展了该技术的商业化应用。

三、蓝莓基质栽培的特点

蓝莓基质栽培作为一项新的农业栽培技术具备较多优点，发展潜力很大，但同时存在一些缺陷和不足，只有正确评价该技术，充分认识其特点，才能对其应用范围和价值有所把握，恰到好处地应用该技术，扬长避短，发挥作用。

（一）蓝莓基质栽培的优势

蓝莓苛刻的土壤环境要求，使适宜蓝莓种植的土地相对稀缺。而基质栽培使蓝莓生产摆脱了土壤的限制，极大地扩展了蓝莓生产空间，即使在土壤条件较差，改良成本高的黏重土壤上仍可成功种植。该栽培模式下，蓝莓生长速度快，长势整齐、旺盛，产量高，具有省水、省肥、省力、省工等特点，适合标准化生产和管理（图1-1），生产效率高。

图1-1 标准化生产的基质栽培蓝莓园

（二）蓝莓基质栽培的问题

蓝莓基质栽培一般需要相应的设施和设备，投入大，运行成本高，且蓝莓生长所需水肥完全依靠外部供应，根系环境缓冲性差，水肥管理不当容易出现生理性障碍，因此对生产管理者的技术要求高。此外，蓝莓根系限制于盆的狭小空间，种植年限超过5年，盆内根系密布，基质排水透气性下降，开始不适宜蓝莓生产（图1-2）。

图1-2 栽植6年的基质排水透气性下降

四、中国蓝莓基质栽培的发展趋势

我国蓝莓基质栽培始于2014年，美国企业Driscoll's在我国云南省建水县苟街村试种3亩，次年开始扩大规模商业化生产。2015年，建水县天华山果蔬商贸有限公司建设了国内首个自主运营的蓝莓基质栽培园。由于云南地区日照充足，紫外线强，昼夜温差大，蓝莓品质优，利用基质栽培和冷棚种植低需冷量的南方高丛蓝莓品种，实现了11月至翌年5月鲜果采收，经济效益高。2017年以后，吸引了智利Hortifrut、澳大利亚Costa、西班牙Planasa，国内佳沃集团有限公司、蒙自海升现代农业有限公司、新洋丰农业科技股份有限公司、深圳诺普信作物科技有限公司、五八农业科技有限公司、紫约农业科技有限公司、云南莓隆镇农业科技有限公司等大型企业在云南建设蓝莓基质栽培园。截至2021年年底，云南省基质栽培蓝莓园面积已达5.66万亩，主要分布在红河哈尼族彝族自治州、文山壮族苗族自治州、德宏傣族景颇族自治州、西双版纳傣族自治州、普洱市和保山市。

自2017—2018年，蓝莓基质栽培技术逐步向全国推广，全国各个蓝莓产区均有基质栽培园。由于各地蓝莓经济效益相对于云南较低，高投入的基质栽培模式并未实现大规模应用，目前主要处于试验评估阶段。一方面评估投入产出比是否较地栽蓝莓高，另一方面评估基质栽培技术是否适宜当地气候，包括水肥配方、修剪方法、品种、设施大棚等。同时，各地也积极针对蓝莓基质栽培技术进行简化创新，以降低种植成本和管理难度，例如露天基质栽培模式研究（图1-3），使用控释肥替代水肥一体化（汪春芬等，2019），栽培基质替换研究（严云等，2019）等。我们前期研究表明，江苏省南京市露天基质栽培蓝莓，配合控释肥施用，以及运用简易的灌水设备可维持蓝莓旺盛的生长势，种植2年后，蓝莓每株产量可达3kg，表明现有的蓝莓基质栽培模式成本和管理技术有较大的简化空间。

图1-3　露天基质栽培蓝莓

随着城郊休闲和观光农业的快速发展和推进，目前一些不适合蓝莓种植的区域或者城市周边，蓝莓基质栽培将在一定程度上满足消费者的采摘需求（图1-4）。然而，蓝莓基质栽培的生产周期相对于地栽短，且日常管理成本相对地栽高，随着蓝莓销售价格的下降，将极大地限制该种植模式的扩张。预计未来将形成以地栽生产为主体，基质栽培生产为辅的蓝莓产业发展模式。

图1-4　水泥地上的蓝莓园

第二章
蓝莓生长发育特性和对生长环境的要求

一、生物学特性

（一）年生长周期及特点

蓝莓年生长周期因品种类型和区域气候条件而异。以我国南京地区露地栽培条件下的兔眼蓝莓及南方高丛蓝莓为例。兔眼蓝莓年生长周期通常是3月上旬芽萌动；3月中旬至下旬为展叶期；4月初至5月中旬为春梢生长期；4月上旬始花，4月中旬为盛花期，终花期在4月下旬；5月初至6月上旬为绿果期；6月中旬果实转色，果实始熟期在6月下旬，7月上旬至下旬果实大量成熟，果实终熟期在8月上旬至中旬；8月下旬至10月下旬为秋梢生长期；11月中下旬至12月中旬为彩叶期；12月下旬至翌年2月上旬为落叶休眠期。南方高丛蓝莓则是在2月下旬芽开始萌动为萌动期；3月上旬至中旬展叶；3月下旬至5月中旬为春梢生长期；3月下旬为始花期，4月初为盛花期，4月上中旬为谢花期；4月中旬至5月中旬为绿果期；5月中下旬果实转色，果实始熟期在5月下旬，6月初果实大量成熟为盛熟期，果实终熟期在6月上旬；6月下旬至9月下旬为采后期，即采果完成后秋梢生长期；11月中下旬至12月中旬为彩叶期；12月下旬至翌年2月上旬为落叶休眠期（图2-1），个别品种保持常绿状态。

萌动期　　始花期　　盛花期　　谢花期　　绿果期

始熟期　　盛熟期　　采后期　　彩叶期　　休眠期

图2-1　南方高丛蓝莓物候期

（二）根、叶、花和果实特性

1. 根系

蓝莓为浅根系植物，根系不发达，粗壮的根少，纤细的根多，呈纤维状，无根毛（图2-2）。蓝莓根系一般水平分布在树冠投影

图2-2　蓝莓根系

区域内，深度30～45cm。根系分布情况与树龄和土壤状况有关。成年兔眼蓝莓的根系垂直分布有时可达80cm深。在黏重坚实土壤上根系分布范围较窄，而在砂质疏松土壤中分布范围较广。根系生长的最适土温为14～18℃，此时根系生长最快；当土温低于8℃时，根系生长几乎停止。因此在长江流域露地栽培条件下，蓝莓根系随土温变化有2次生长高峰，第一次出现在6月初，第二次在9月份。而在设施保护栽培条件下，根系生长季节变化因根际微环境变化会有所不同。

2. 叶片

单叶互生，多数品种落叶，一些低需冷量品种在气温维持在冰点以上时仍能保持常绿。叶形多为阔椭圆形或卵圆形，有的为匙形至匙状倒卵形，叶缘全缘或有细锯齿。高丛蓝莓和兔眼蓝莓叶片背面有数量不等的柔毛和腺体。叶色呈深绿色、灰绿色或亮绿色（图2-3）。

图2-3　蓝莓叶片形态

3. 花

蓝莓花序为总状花序（图2-4），多腋生，有时顶生。花为两性花，萼筒与子房合生，花冠坛状、柱状或钟状，4～5浅裂，纯白色至粉红色，雄蕊8或10，嵌入花冠基部围绕花柱生长，雄蕊短于花冠而柱头突出于花冠外，子房下位，4～10室，每室有胚珠1枚至多枚。

图2-4　南方高丛蓝莓花序

花芽从萌动到盛开需要1个月左右，花期持续3～4周，因品种和当地气温不同而异。花期可分为花芽膨大期、花序显露期、粉芽期、初花期、盛花期和谢花期等几个阶段。在一个枝条上开花的次序是顶部花序先开，而在一个花序内则是基部先开。一般需在开花后2～6天内完成授粉，否则会影响坐果率。蓝莓花为虫媒花，需要蜜蜂等昆虫帮助授粉。大部分高丛蓝莓品种自交可孕，但品种间授粉可提高结实率并使果实增大，因此生产上常将花期相同的两个品种间行种植（图2-5）。

图2-5　不同蓝莓品种间行种植

4. 果实

蓝莓果实为浆果，果有宿萼，果实大小、形状及颜色因种类和品种而异（图2-6，图2-7）。果实直径0.5～3.5cm，果重0.5～5.0g不等。果实形状有扁圆形、卵形或近圆形。果实表面被一层5μm厚的蜡质层，颜色呈淡蓝至暗紫色。大多数蓝莓品种的果肉呈白色。在果实中心为5心皮合生形成的胎座，上面着生数十个数量不等的种子。蓝莓果实一般在授粉后2～3个月成熟，成熟时间与品种和环境因素有关。一个花序中通常是上部的果实比中下部的果实先成熟。果实发育曲线呈双S曲线（图2-8）。第Ⅰ阶段主要是快速的细胞分裂和干物质的积累阶段（Birkhold et al.，1992；Cano-Medrano and Darnell, 1997），根据品种和环境条件不同，这一阶段持续25～35天。第Ⅱ阶段果实生长趋于停止，浆果保持绿色，仅体积稍有增大。第Ⅲ阶段特点是果实因细胞变大而快速膨大。在此阶段内，糖分开始不断积累并且随着花青素的积累果实颜色由绿色转变为蓝色。在果实转色后，果实总糖含量逐渐增加，而可滴定酸含量下降，使得果实的糖酸比随着果实成熟进程而不断升高。不同类群蓝莓果实发育期不同，北方高丛蓝莓的果实发育期为42～90天，南方高丛蓝莓的果实发育期为55～60天，兔眼蓝莓的果实发育期为60～135天（Darnell, 2006）。

图2-6　兔眼蓝莓果枝

图2-7 南方高丛蓝莓果枝

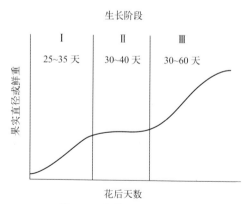

图2-8 蓝莓果实发育曲线
（引自Edwards et al.，1970）

二、适宜蓝莓生长发育的环境条件

（一）水分

蓝莓喜排水良好而富含有机质的酸性湿润砂质壤土，中等耐旱而怕涝。水分供应不足或过多均不利于蓝莓生长发育及蓝莓产量和蓝莓产品品质形成。萌芽期适宜土壤相对含水量为60%～70%，花期适宜土壤相对含水量提高到70%～80%，果实发育期适宜土壤相对含水量保持在80%～90%，果实采收结束后土壤相对含水量下调到70%～80%，落叶休眠期适宜土壤相对含水量控制在50%～60%。从单株需水量来看，澳大利亚新南威尔士州的成龄高丛蓝莓在早春营养生长期间每天需水量约为3.6mm（或每株12L），到了夏季果实生长发育期每天需水量为5.4mm（或每株18L）（Holzapfel，2009）。对5年生南方高丛蓝莓品种'Star'的研究表明，在落叶休眠期需水量最低，为1.3mm/d，开花至果实成熟采收期为需水高峰期，为4.1mm/d，采后秋梢生长期需水量下降，为2.4mm/d（Keen et al.，2012）。对佛罗里达州中北部的南方高丛蓝莓品种'Emerald'成龄植株的研究结果显示，在休眠季节（1、2月份）需水量较低，为1.75L/d；从春季芽萌动至果实成熟采收期（5月份）需水量迅速增加，并在夏季中期到末期（7、8、9月份）达到峰值，为8.0L/d，随后大幅度下降（Williamson et al.，2015）。在云南，笔者生产与研究的结果表明，基质栽培的'珠宝''天后''盛世'和'优瑞卡'需水高峰为果实采收高峰期的4月，最大耗水量分别可达10L/d、10.5L/d、25L/d、14L/d。

（二）养分

与其他果树相比，蓝莓对养分的需求较低（表2-1），这与蓝莓自身生物学特性有关。蓝莓喜酸性土壤，当pH值范围在4.0～5.5时，蓝莓植株生长和果实产量最佳。在这种pH条件下，土壤大部分养分的有效性降低（图2-9），这就减少了被植株吸收的矿物质养分的数量（Korcak, 1989; Hanson and Hancock, 1996）。就基质栽培来说，为获得最佳产量，需根据浇灌液和排出液养分变化、植株分析、环境资料以及树体长势不断调整养分施用量，使得植株在养分需求数量和时期方面得到满足，避免养分缺乏（或过多）对产量和果实品质产生影响。

表2-1　养分供应充足条件下高丛蓝莓与苹果叶片营养元素含量
（干物质重量）

营养元素		高丛蓝莓[①]	苹果[②]
大量元素/%	N	1.70～2.10	2.20～2.40
	P	0.08～0.40	0.13～0.33
	K	0.40～0.65	1.35～1.85
	Ca	0.30～0.80	1.30～2.00
	Mg	0.15～0.30	0.35～0.50
	S	0.12～0.20	—
微量元素 / (mg·kg^{-1})	B	25～70	35～50
	Cu	5～20	7～12
	Fe	60～200	>150
	Mn	50～350	50～150
	Zn	8～30	35～50

① 数据引自Hanson 和 Hancock（1996）；② 数据引自Stiles 和 Reid（1991）。

氮素是蓝莓种植中最常施用的营养元素，但各地氮肥推荐用量变化很大。例如，美国密歇根州成龄果园（＞7年生果园）建议施N量为73kg·ha^{-1}（1ha=10^{4}m^2, Hanson and Hancock, 1996），而俄勒冈州建议施N量为185kg·ha^{-1}（Hart et al., 2006）。这些差异与当地土壤基础养分供应、植株的需求（营养生长和生殖生长需求不同）和肥料利用率的不同有关。基质栽培条件下，蓝莓所需氮营养全部来源于灌溉，供应量一般为2.5～8.5mmol·L^{-1}。氮供应量的差异与植株的生长状态、品种、生长势相关。对氮素形态而言，铵态氮对蓝莓的生长发育及果实品质促进效果好于硝态氮。单纯施用硝态氮时，尽管树体氮素水平有所提高，但产量不增加，果实还会变小，成熟期会推迟。

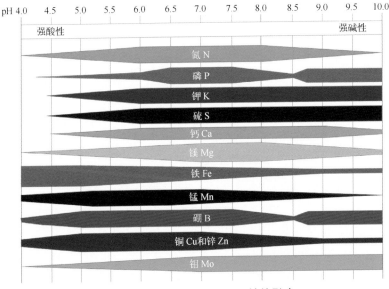

pH 4.0　4.5　5.0　5.5　6.0　6.5　7.0　7.5　8.0　8.5　9.0　9.5　10.0

强酸性　　　　　　　　　　　　　　　　　　　　强碱性

氮 N
磷 P
钾 K
硫 S
钙 Ca
镁 Mg
铁 Fe
锰 Mn
硼 B
铜 Cu和锌 Zn
钼 Mo

图2-9　pH对土壤养分可利用性的影响

　　尽管在酸性条件下土壤中P有效性较低，但蓝莓出现缺P症状并不多见。各地界定蓝莓叶片缺P的临界值也存在差异。如在美国密歇根州被界定为0.07%，在马萨诸塞州为0.05%，而在威斯康星州和明尼苏达州为0.09%（Hart et al., 2006）。施入土壤中的P肥与土壤成分发生各种吸附作用、吸收作用和沉淀反应，最终结果是添加到土壤中的P肥多数被固定储备起来，溶解P的水平仅略有上升（Hanson, 2001）。在俄勒冈州，当土壤P水平检测结果低于50mg·kg^{-1}且叶片P水平低于0.10%才推荐施用P肥。土壤P水平为26～50mg·kg^{-1}和叶片P水平为0.08%～0.10%时，推荐P_2O_5施用量多达45kg·ha^{-1}。当土壤P水平低于25mg·kg^{-1}且叶片P水平低于0.07%时，推荐P_2O_5用量为45～67kg·ha^{-1}（Hart et al., 2006）（表2-2）。基质栽培条件下，蓝莓极少出现P缺乏症状，P营养供应量一般为0.5～1.9mmol·L^{-1}，供应的P形态主要以$H_2PO_4^-$，HPO_4^{2-}形态为主。PO_4^{3-}形态极少，其易与浇灌液中的金属离子产生沉淀反应，降低养分的有效性。磷供应量的差异与植株的生长状态、品种、生长势相关。

表2-2　高丛蓝莓推荐磷酸盐施用量（引自Hanson and Hancock, 1996）

土壤测试 /（mg·kg^{-1}）	P_2O_5推荐用量/（kg·ha^{-1}）	
	矿质土壤	有机质土壤
0～10	168	112
10～20	140	84
20～30	112	56
30～40	56	0
40～50	0	0
＞50	0	0

　　除了在砂土地上，蓝莓很少处于低K水平。研究发现，当叶片K水平低于正常值时，蓝莓果实产量随着K肥用量增加而增加。如果土壤检测值在101～150mg·kg^{-1}之间且植物组织中K为0.21%～0.40%时，推荐K_2O施用量为84kg·ha^{-1}。当土壤检测值在0～100mg·kg^{-1}之间且叶片K＜0.2%时，建议K_2O施用量在84～112kg·ha^{-1}之间（Hart et al., 2006）。K过量（叶片K＞0.9%）会导致营养失衡，尤其是Mg和Ca缺乏（Stiles and Reid, 1991）。因此，如果土壤K水平在150mg·kg^{-1}以上，并且叶片K浓度高于0.40%，则不推荐施K肥。基质栽培条件下，主要以硫酸钾或磷酸二氢钾进行养分供应，供应量为0.4～2.1mmol·L^{-1}。

　　低pH值的土壤往往Ca水平较低，因而生长在较低pH值土壤上的植株普遍出现缺Ca症状。由于植物体内的Ca迁移缓慢，所以植株幼嫩部分更容易出现缺钙症状（Hirschi, 2004）。相对于其他果树来说蓝莓Ca需求量低，健康蓝莓植株叶片组织中Ca含量通常为0.3%～0.8%（Eck, 1988），因此，从叶片水平角度考虑，蓝莓很少缺Ca（Hanson and Hancock, 1996; Hart et al., 2006）。Ca过量会降低根系对Fe的吸收，也会干扰植株体内Mg和K的新陈代谢。正常情况下土壤中理想的Ca/Mg的比例为8～10个单位。一些首次种植蓝莓的土地土壤Mg含量偏低，因此需要在蓝莓肥料中加入少量的Mg来达到营养均衡（Krewer and NeSmisth, 1999）。

在低pH土地上Mg水平普遍较低。因此，在许多蓝莓种植区域，时常有报道称田间种植植株出现缺Mg现象（Eck et al., 1990）。一般认为叶片Mg水平低于0.1%时才出现缺Mg症状，但有报道称一些叶片Mg含量水平高达0.2%的株丛仍表现出缺Mg现象（Hanson and Hancock, 1996）。土壤中Ca、Mg和K所占阳离子交换量（CEC）的比例的理想范围是60% ～ 80% Ca，15% ～ 30% Mg和10% ～ 15% K。如果土壤检测及叶片分析发现缺Mg就应该施用Mg肥。根据土壤pH值情况决定施用何种肥料。如果土壤pH值超过4.5，推荐施用硫酸镁或者硫酸钾镁。如果pH值低于4.0，应该选择施用高镁石灰1t·ha^{-1}（Hart et al., 2006）。施用17 ～ 56kg·ha^{-1}可以改善缺Mg症状（Hanson and Hancock, 1996; Krewer and NeSmith, 1999）。

蓝莓缺S很罕见。如果土壤S水平低，可以施用硫酸铵、硫酸钾镁或硫酸镁。

蓝莓缺Fe现象很普遍。缺Fe植株幼叶边缘黄化，而叶脉保持绿色。解决缺Fe最有效果的方法就是调整土壤pH值。尽管如此，如果叶片Fe水平处于缺素范围内，还是推荐叶面喷施两次螯合铁（10% Fe），每公顷用量为每400L水1kg。土壤施用螯合铁时施用量为17 ～ 34kg·ha^{-1}（Hart et al., 2006）。

在大多数蓝莓种植地区很少发现Mn缺乏（Hanson and Hancock, 1996 ; Fuqua et al., 2005; Hart et al., 2006）。如果发现Mn缺乏，推荐在夏季叶面喷施两次螯合锰（2% ～ 8% Mn）7kg·ha^{-1}或硫酸锰（32% Mn）2.2kg·ha^{-1}（Hanson and Hancock, 1996）。尽管蓝莓具耐受Mn的机制，但植物组织中Mn水平超过450ppm（1ppm=1×10^{-6}）被认为是过量。

蓝莓组织缺B的常见症状是顶梢枯死。在粗砂质地的土壤上B缺乏更普遍。如果缺B，可在秋季或早春下雨之前施用

11～12kg·ha^{-1}（11% B）硼砂。也可以在花前或采收后叶片衰老之前每公顷喷施0.9～2.7kg溶解在950L水中的速乐硼（20% B）。建议每年施用560g·ha^{-1}（Hart et al., 2006）。

Zn缺乏症状包括节间变短和小叶。在高pH值（＞6.0）和土温低的情况下会加重Zn缺乏，过量施用P也会导致缺Zn（Stiles and Reid, 1991）。如果植株缺Zn，推荐在采收后和落叶前每公顷叶面喷施螯合锌454g（14% Zn），兑水体积为935L。另一种选择是土壤施用螯合锌，用量为11～34kg·ha^{-1}（Hart et al., 2006）。

蓝莓正常叶片含Cu量5～20mg·kg^{-1}。当叶片Cu水平小于3mg·kg^{-1}，建议尝试性施用铜肥（Krewer and NeSmith, 1999）。推荐土壤撒施34～56kg·ha^{-1}硫酸铜（25% Cu），或是在叶片长出后的任何时间叶面喷施硫酸铜0.5kg·ha^{-1}，兑水量900L（Hanson and Hancock, 1996；Hart et al., 2006）。

（三）温度

1. 生长发育的适宜温度及极端温度耐受性

气温对蓝莓根系、枝条和果实生长都有极其重要的影响。在8～20℃气温区间，温度越高，蓝莓植株生长越旺盛，果实成熟也愈快。在水分和营养充足的情况下，温度每上升10℃，生长速度约增长1倍。在气温降到3℃时，即使不遇到霜冻，植株的生长活动也会停止。

虽然品种间耐热性有差异，但一般来说，气温达到30℃时光合作用会下降。高丛蓝莓的光合作用适温研究表明，'Jersey'的最适温度为18～26℃，'Bluecrop'的最适温度为14～22℃，而常绿越橘（*Vaccinium darrowii*）的最适温度为25～30℃。当温度从20℃升到30℃，'Bluecrop'的光合速率下降了30%，而'Jersey'仅下降20%，常绿越橘（*V. darrowii*）的下降幅度更小，仅下降9%（Moon et al., 1987）。尽管蓝莓果实成熟季节需要相当的热量才能保证果实品质，但生长季温度过高会降低果实品质，高丛蓝莓的果实品质与夏季高温呈负相关。

不同蓝莓类群的耐寒性差异较大，一般来说，北方高丛蓝莓比南方高丛蓝莓和兔眼蓝莓更耐低温。在深度休眠的情况下，北方高丛蓝莓可以忍受-30 ~ -20℃的低温，而兔眼蓝莓仅能耐受-22 ~ -14℃低温。南方高丛蓝莓的抗寒性一般弱于北方高丛蓝莓，而高于兔眼蓝莓。

蓝莓花芽的抗寒性与花芽的发育阶段有关，发育阶段愈高，愈容易受冻，接近开花，抗寒性呈直线下降（Hancock et al.，1987；Lin and Pliszka，2003）。已经膨大但小花仍被芽鳞片包裹的花芽能够耐受-6℃低温；芽鳞片已脱落露出单朵小花的花芽在-4℃下就全部死亡了；小花已完全分离、花冠还没有绽放的花芽能忍受-2℃低温，而完全开放的花朵0℃下就会死亡。

2. 需冷量

蓝莓一旦进入休眠期后，需要经历一段低温时间后才能正常生长发育。通常北方高丛蓝莓需冷量（7.2℃以下的低温总时数）为800 ~ 1200小时，南方高丛蓝莓品种需冷量为150 ~ 800小时，兔眼蓝莓需冷量为300 ~ 700小时。需冷量不足会导致花芽萌发变晚且不规律（Norvell and Moore，1982；Darnell and Davies，1990）。即便没有经历任何低温时数，只要处于长日照条件下足够长时间，蓝莓也会开花。16小时光照数周的高丛蓝莓，花芽最终会在花芽分化后萌发，不过与经历正常休眠期的植株相比，花芽萌发没有那么整齐一致（Hall et al.，1963）。

（四）光照

大多数用于培育栽培蓝莓品种的育种材料起源于温带，这些物种通常是天然林下层植物，这意味着在自然生境下，它们生长在中等强度光照和漫射光条件下。因此，在太阳辐照较强地区（自然光照强度超过蓝莓需求量）使用遮阳网（也称光选择性膜）可减轻蓝莓光胁迫，从而促进植株生长，提高产量（Lobos et al., 2009; 2012; Retamales et al., 2008)。综合分析遮阳的不同效果发现，蓝莓能够根据光照水平不同调整其生理过程和形态。由于遮阳下果实品质不受影响或是有所改善，果实产量增加，成熟期延迟，因此，在许多蓝莓产区遮阳可能有益于蓝莓生长并给栽种者带来收益。尽管已有研究表明，用白色（灰色）或红色遮阳网遮阳50%效果最好。但各地仍应根据当地的纬度、太阳辐射度和环境温度等自然条件选择适当的遮阳网颜色和遮阳程度，以获得最佳遮阳综合效果。和其他果树相似，蓝莓的光合速率随光照强度增加而升高。V. darrowii 和高丛蓝莓的光补偿点为 $50\mu mol \cdot m^{-2} \cdot s^{-1}$（Moon et al., 1987）。随着光强不断增加，光合作用逐渐达到光饱和点，蓝莓（兔眼蓝莓、北方高丛蓝莓和 V. darrowii）的光饱和点为 $700 \sim 800\mu mol \cdot m^{-2} \cdot s^{-1}$（Teramura et al., 1979; Moon et al., 1987），相当于最强光照的40% ~ 50%。一般来说，果树花芽形成需要至少30%的全日照。诱导高丛蓝莓花芽形成所需的光照水平还没有研究报道，但有研究发现兔眼蓝莓花芽诱导所需的最低光照度约为全日照的25%（Yariez et al., 2009）。

长日照有利于蓝莓的营养生长，而花芽分化则在短日照条件下进行。前人研究结果表明，随着短日照时间的增加，诱导分化的高丛蓝莓花芽数量增加（Darnell, 1991；Hall et al., 1963）。充分完成花芽分化诱导需要5 ~ 6周的短日照。

第三章
蓝莓适栽品种选择与授粉树配置

一、优良适栽品种及特性

蓝莓栽培品种主要有三大类群，包括矮丛蓝莓（lowbush blueberries）品种群、高丛蓝莓（highbush blueberries）品种群和兔眼蓝莓（rabbiteye blueberries）品种群。根据需冷量（7.2℃以下的低温总时数）和越冬抗寒力不同，高丛蓝莓品种群被进一步划分为半高丛蓝莓（half-highbush blueberries）、北方高丛蓝莓（northern highbush blueberries）和南方高丛蓝莓（southern highbush blueberries）（顾姻和贺善安，2001）。矮丛蓝莓和半高丛蓝莓一般植株较小，耐寒性强，适宜在寒温带地区种植；北方高丛蓝莓一般要求需冷量在800小时以上，有些品种在深度休眠时最低可耐-40～-35℃低温，一般情况下超过30℃会出现热害，适宜在暖温带地区种植；兔眼蓝莓和南方高丛蓝莓一般需冷量低于600小时，适宜在亚热带地区种植。南方高丛蓝莓因其需冷量低、早熟丰产、果大皮薄、味美多汁而成为基质栽培广泛采用的优良品种。鉴于此，我们选择了一些适合基质栽培的南方高丛蓝莓优良品种，介绍如下。

（一）早熟品种

1. Springhigh 春高（极早熟）

由美国佛罗里达种子生产基金会于2005年推出，为'FL91-

226'和'Southmoon'（南月）杂交后代。树形直立性强，适应性强（图3-1）。果实大，果粉少，深蓝色，蒂痕小，硬度中等偏软，风味极佳（图3-2）。需及时采收以避免果实变软，缩短货架期。在佛罗里达地区成熟期较'明星'（'Star'）和'绿宝石'（'Emerald'）早9天。低温需冷量为200～300小时。

图3-1 '春高'植株

图3-2 '春高'果实

2. Meadowlark 云雀（极早熟）

由美国佛罗里达大学于2010年推出，为'FL84-33'和'FL98-133'杂交后代。树形直立，树冠紧凑，生长势强，丰产潜力大（图3-3）。果实中等偏大，果柄长，易于采收；深蓝色，但果实着色不均一，即使成熟时，蒂痕处有时也呈红色或紫色，硬度好，适合机械采收。植株对叶片细菌性焦枯病敏感。低温需冷量极低。

图3-3 '云雀'植株

3. Kestrel 红隼（极早熟）

由美国佛罗里达大学培育并于2010年推出，为'FL95-54'和'FL97-125'杂交后代。植株长势强，树形直立；果粒大，淡蓝色；果实硬度好，果蒂痕小而干；风味浓郁，成熟时具有芳香味。

需异花授粉。适宜在夏季少雨地区种植。需冷量为150～200小时。

4. Rocio 罗西欧（极早熟）

由西班牙Atlantic Blue公司于2009年推出，为'FL96-24'和'FL95-3'杂交后代。树形直立，在低需冷量地区保持常绿。果实大，中等蓝色，果实硬度极好，风味佳。果实成熟后可在植株上保持10天，且品质不受影响。对病害抗性强，易感蚜虫和蓟马。在国外低需冷量地区广泛种植。自花授粉。低温需冷量低于300小时。

5. Snowchaser 追雪（极早熟）

由美国佛罗里达种子生产基金会于2006年推出，为'FL95-57'和'FL89-119'杂交后代。树形半直立半开张，生长势强，产量中等（图3-4）。果实中等大小，硬度好，中等蓝色，蒂痕小，风味极佳（图3-5）。植株开花极早，需防止早春寒流伤害。对枝条溃疡病敏感，栽植难度较大。'春高'（'Springhigh'）和'温图拉'（'Ventura'）是其较好的授粉品种。低温需冷量低于200小时。

图3-4 '追雪'植株

图3-5 '追雪'果实

6. Ventura 温图拉（极早熟）

由美国Fall Creek公司培育并于2013年推出，为'FL96-24'和'FL00-60'杂交后代。树形直立，生长势强，丰产。果大，硬度中等，中等蓝色，风味佳。与'春高'（'Springhigh'）相比较，果实成熟更早，产量更高，硬度更好。低温需冷量低于200小时。在低需冷量地区可常绿栽培。

7. Rebel 瑞贝尔（极早熟）

由美国佐治亚大学于2006年推出，为'FL92-84'自然杂交后代。树形开张，分枝能力强，生长势极强，丰产（图3-6）。果实大，浅蓝色，蒂痕小且干，硬度好（图3-7）。成熟期比'明星'（'Star'）早6～8天，果实成熟后需及时采收以免口味变淡。低于7℃低温需冷量为400～450小时。

图3-6 '瑞贝尔'植株

图3-7 '瑞贝尔'果实

8. Star 明星（早熟）

由美国佛罗里达大学于1995年推出，为'O'Neal'和'FL80-31'杂交后代。树形直立、生长势中等（图3-8）。果实大而均匀，蒂痕和硬度好，风味佳，品质优良。成熟相对集中易于采收。成熟期遇雨易产生裂果。对根腐病、枝枯病和枝条溃疡病抗性较强，对叶斑病较敏感。低温需冷量为400～500小时。

图3-8　'明星'植株

9. Emerald 绿宝石（早熟）

由美国佛罗里达大学于1999年推出，为'FL91-69'和'NC1528'杂交后代。树形直立开张，枝干粗壮，生长势强（图3-9）。花期早，花量大，开放集中。丰产，果大，中等蓝色，硬度好，蒂痕干、中等大小，风味佳（图3-10）。果穗紧密，而果实成熟不一致导致采摘效率相对偏低。此外，该品种在我国长江以南地区二次开花现象普遍，在云南南部可全年开花结果。对枝条溃疡病和疫病抗性较强。低温需冷量为250小时左右。

图3-9 '绿宝石'植株

图3-10 '绿宝石'果实

10. Primadonna 天后（早熟）

由美国佛罗里达种子生产基金会于2006年推出，为'O′Neal'和'FL87-286'杂交后代。树形半直立半开张，生长势强，产量中等（图3-11）。果实大，但有时不规则，硬度好，中等蓝色，蒂痕小且干，风味佳。花期早，在美国佛罗里达地区较'明星'（'Star'）成熟早9～14天。植株对枝条溃疡病和根腐病抗性强，对疫病抗性中等。花芽低温需冷量明显少于叶芽，春季有时出现叶芽萌发差，从而影响产量。该品种会出现无缘由的产量下降。现阶段在我国云南南部的基质栽培体系中广泛种植，表现优异。低温需冷量200小时左右。

11. Farthing 法新（早熟）

由美国佛罗里达大学于2008年推出，为'FL96-27'和'Windsor'杂交后代。树形半直立半开张，生长势强，枝条量大，叶色深绿（图3-12）。果实中偏大，深蓝色，硬度极佳，口感脆，微酸，蒂痕小且干。果实成熟后可保持较长时间不落果，适合机械采收。丰产性好，抗病性强。低温需冷量为300小时左右。

图3-11 '天后'植株

图3-12　'法新'植株

12. Biloxi 比洛克西（早熟）

由美国农业部于1998年推出，为'Sharpblue'和'US329'杂交后代。树形直立，生长势强，枝条量大，丰产。果实中偏小，蒂痕中等大小，浅蓝色，硬度好，风味佳（图3-13）。该品种适宜常绿栽培体系，在我国云南红河州地区基质栽培表现良好。低温需冷量200～300小时。

图3-13 '比洛克西'结果植株

13. Scintilla 火花（早熟）

由美国佛罗里达大学于2008年推出，为'FL96-43'和'FL96-26'杂交后代。树形直立，生长势强，产量中等。果实大，浅蓝色，果粉重，硬度好，蒂痕小，风味佳（图3-14）。果穗松散，易于采摘。植株挂果寿命相对较差。低温需冷量为200小时左右。

（二）中熟品种

1. Jewel 珠宝（早中熟）

由美国佛罗里达大学于1998年推出。树形直立，略开张，生长势强，丰产。果实大，中等硬度，浅蓝色，蒂痕小，风味略酸（图3-15）；与'绿宝石'（'Emerald'）相比，果实略小而软。植株对枝干溃疡病、枝条枯萎病和根腐病抗性中等，对叶片锈斑病高感。低温需冷量200小时左右。

图3-14 '火花'果实

图3-15 '珠宝'结果植株

2. Camellia 茶花（中熟）

由美国佐治亚大学于2005年推出，为'MS-122'和'MS-6'杂交后代。树形直立，生长势中等偏强（图3-16），强于'明星'（'Star'）、'奥尼尔'（'O′Neal'）和'夏普蓝'（'Sharpblue'）。果实大，天蓝色，硬度好，蒂痕小，风味佳。在佐治亚地区，花期较'明星'（'Star'）晚9天，产量低于'绿宝石'（'Emerald'）。低温需冷量为400～450小时。

图3-16 '茶花'植株

3. Eureka 优瑞卡（中熟）

由澳大利亚Mountain Blue公司于2014年推出，为'S02-25-05'和'S03-08-02'杂交后代。树形直立，生长势强（图3-17）。花期早，但自花授粉性较差。极丰产，适合机械采收。果实极大，硬度好，深蓝色，蒂痕小，甜度高，风味佳，适宜长距离运输（图3-18）。低温需冷量为200～250小时。

图3-17 '优瑞卡'植株

图3-18 '优瑞卡'果实

4. Miss Alice Mae（中熟）

　　由美国佐治亚大学于2015年推出，为'TH-647'和'Windsor'杂交后代。树形半直立，紧凑，生长势中等，强于'明星'

（'Star'），但比'茶花'（'Camellia'）稍弱。丰产，果实中偏大，单果重1.5～2.1g，浅至中等蓝色，硬度好，蒂痕小而干，风味佳。可自花授粉，配置授粉树利于果实品质。低温需冷量为450～550小时。

（三）晚熟品种

1. Legacy 莱格西（晚熟）

由美国农业部于1993年推出，为'Elizabeth'和（'Fla. 4B'×'Bluecrop'）杂交后代。树形直立，生长势极强，适应性强，适合机械化采收，丰产稳产。果实中偏大，硬度好，粉蓝色，蒂痕小，风味佳，适宜长距离运输（图3-19）。成熟期较'明星'（'Star'）晚2～3周。低温需冷量为400～600小时。

图3-19 '莱格西'果实

2. Ozarkblue 奥萨克蓝（晚熟）

由美国阿肯色大学于1996年推出，为'G-144'和'FL4-76'

杂交后代。树形半直立，生长势强。丰产稳产，果重1.3～2.1g，浅蓝色，香味较浓，硬度好，蒂痕小而干（图3-20）。耐贮藏，在5℃下贮藏21天时硬度和果重不会下降。对枝条溃疡病轻微敏感，对灰霉病抗性强。低温需冷量为600～800小时。

图3-20　'奥萨克蓝'果实

3. Summit 顶峰（晚熟）

由美国北卡罗来纳州和阿肯色州 1998 年选育推出。树冠半开张，生长势中等。果大，果肉硬度高，蒂痕小，风味佳。'奥萨克蓝'（'Ozarkblue'）是其适宜的授粉品种。低温需冷量 700 小时左右。

二、品种选择原则

（一）因地制宜，适地适栽原则

根据所在地区的气候特点（温度、降水、日照、无霜期等）及土壤条件（酸碱度、有机质含量、质地等）选择适宜本地区自然生态条件的品种。例如，在北方寒地栽培蓝莓须优先选择适应寒地气候和生态条件的耐寒抗冻、丰产优质、市场前景好的优良品种；而在南方温暖湿热地区则应优先选择低需冷量、耐湿热气候及黏重土壤的南方高丛蓝莓或兔眼蓝莓品种，不建议种植高需冷量的北方高丛蓝莓品种。

同一地区不同栽培模式品种选择也有所不同。露地园栽培品种选择通常要早、中、晚熟品种合理搭配，主栽品种宜 2～3 个，以延长采摘时间，避免销售过于集中。根据当地自然条件合理确定不同成熟期的品种比例。适栽区偏南地区水热条件优越，果实成熟早，种植早熟品种可以更早采收上市，销售价格会更高，因此，这些区域应以早熟和中熟品种为主；而适栽区偏北区域相同品种的果实成熟期比偏南地区要晚很多，这些地区的晚熟品种往往在南部地区果实采收结束时才成熟上市，因此，这些区域应以中、晚熟品种为主，主要面向晚熟市场。以促早熟为目的的保护地栽培应选择早熟、需冷量低的品种；以延晚为目的的温室和大棚，应选择需冷量高、晚熟和极晚熟的品种。可以通过巧打上市时间差，保证高投入获得高收益。例如，云南地区凭借其得天独厚的温光条件（年温差小、日温差大、无霜期长、光照充足），通过选用低需冷量早熟品种，配套水肥一体化全基质促成栽培技术（图3-21），已实现规模化种植蓝莓，在11月至翌年5月鲜果采收上市，正好填补了国内蓝莓鲜果市场上半年的"空档期"。由于此时正好是蓝莓一年中最"稀缺"的季节，因此云南鲜果价格优势明显。目前云南蓝莓产业仍处在高投入、高效益阶段。

图3-21　低需冷量早熟品种配套水肥一体化全基质促成栽培模式

（二）市场需求导向原则

品种选择除考虑气候、土壤等主导环境因子外，还要着重考虑消费者消费习惯、喜好及生产目的等市场因素，选择品种在考虑适应当地环境、具有较强抗逆性基础上，要重点考虑产量和质量因素，才能够有效占领市场，保障经济效益。例如，以鲜食为目标的蓝莓园应选择种植果个大、果形规则、果粉多、风味好、耐贮运性好且货架期长的品种。以加工为目标的蓝莓园宜选择适

应性强、易种植、产量高、果实成熟期集中、容易采收且加工性
能良好的品种。切忌追新求异，避免盲目大面积栽植不适应当地
条件和市场需求，没有经过试验、示范的新品种。适应本地区气
候土壤条件、具有稳定产量和品质、符合市场需求的品种才是适
宜本地区发展的品种。

三、品种搭配原则

大部分蓝莓品种自花结实率不高，即使自花结实的蓝莓品种，
配置授粉品种后也可提高坐果率，增加单果质量，提高产量和品
质。通常选择花期与主栽品种相近的品种作为授粉品种，主栽品
种与授粉品种采用2∶2或2∶1比例栽植（图3-22）。

图3-22　不同蓝莓品种2∶2搭配种植（Henry Sundas 拍摄）

对于蓝莓种植园来说，根据当地自然条件及生产目的科学确
定不同成熟期的品种比例，早、中、晚熟品种合理搭配，避免采

收销售过于集中，以便均衡上市、缓解采收和销售压力。例如，发展旅游观光、采摘的生产园，早、中、晚熟品种的栽植比例应均等，不突出主栽，以延长采摘时间。而对于设施栽培而言，以促早熟为目的的温室和大棚，应选择低需冷量的早熟和中熟品种相搭配；以延晚为目的的温室和大棚，应选择需冷量高的晚熟和极晚熟品种相搭配，以保证高投入获得高收益。

第四章

蓝莓基质栽培形式及栽培基质

一、基质栽培形式

蓝莓作为一种多年生灌木，基质栽培模式与草本植物有着较大的差异，其主要特点是种植基质载体量较大，同时要求基质应具备较长的稳定年限，定植后栽培基质能够持续多年为蓝莓生长提供稳定的载体，常规的蓝莓基质栽培形式有种植槽、种植盆和露地垄栽等，现简要介绍如下。

（一）种植槽

常见的种植槽栽培主要由混凝土、砖块、水泥等加工而成。为了保证规格的统一，一般种植槽由规格统一的砖块制作而成（图4-1）。种植槽的高度一般比地面高出40cm左右，宽度根据选择的品种及行间距要求调整，长度可以根据温室大小形状自由决定。种植槽栽培可提高种植密度，大幅提高产量，种植株数可提高20%，合理密植大幅提高产量。然而相对于盆栽，种植槽承装的基质量大，投入成本更大，但基质的缓冲性更强，管理容错率提高，并能延长蓝莓种植年限。

（二）种植盆

常见蓝莓基质栽培种植盆体积一般为25L（图4-2），也有更小和更大的种植盆，形状有方形和圆形，颜色有黑色和白色。相较于白色种植盆，黑色种植盆易吸热，受环境温度影响大。白色种植盆夏季吸热少利于根系生长，但冬季和早春升温慢，不利于根系水肥吸收。同时，生产经验表明，白色盆避光性差，盆内壁易生长藻类。

图4-1　水泥砖构建的种植槽

种植盆栽培模式下基质环境与树体生长相对均一，种植盆管理模式也比较简单，可以复配水肥一体化滴灌技术，精准管控每一盆的水肥，同时可针对性地选择特定的盆栽进行监控观察，以便及时调整各项管理措施。种植盆栽培形式是现阶段温室大棚配合水肥一体化灌溉系统进行蓝莓基质栽培最为普遍常见的模式。根据不同品种的生物特性设定好种植行间距，种植盆分行间隔排好，每亩地可种植270～700盆的蓝莓。

图4-2　25L种植盆

（三）露地垄栽

露地垄栽是更为简易的蓝莓基质栽培形式，与常规地栽起垄栽培模式相仿，只是露地垄栽起垄使用的是栽培基质，这种栽培形式技术要求不高，但是基质使用量较上两种模式更多，一般管理方法可以借鉴常规垄栽的经验，但是因为采用了基质栽培，水肥管理应综合基质特性进行必要的调整（图4-3）。

起垄高度可综合考虑基质使用量测算经济成本，一般在30～60cm之间。因露地垄栽存在基质水肥流失问题，故应偏向于选择稳定性高的基质，在保证孔隙度和透水率的基础上，要考虑基质的稳定性和固定性，特别是在选用复配基质时，应考虑两种或多种基质的亲和性。

图4-3　松树皮露地垄栽蓝莓

二、常用栽培基质

基质是在园林园艺无土栽培生产过程中用来替代土壤，为植物提供良好的根系生长环境（如水分、通气条件、营养条件、适宜的酸碱性环境等）的物质，在现代无土栽培生产过程中，各种基质以其性能稳定、清洁、容重较轻，适宜现代化生产、生活需要，易于操作及标准化管理等特点，从而逐渐取代土壤，被研究和利用逐渐增多。

基质在无土栽培生产过程中对于植物主要起到支持固定、保水通气、稳定缓冲、提供营养等作用。基质的分类方法很多，根据基质在植物栽培生产中的用途划分，可分为育苗（育种）基质、栽培基质、土壤改良基质等；根据基质来源，可分为天然基质

（沙、石砾等）和人工合成基质（岩棉、陶粒等）；根据组成分类，可分为无机基质（蛭石、珍珠岩等），有机基质（泥炭、椰糠等），以及化学合成基质（岩棉、泡沫塑料）；根据性质分类，可分为活性基质（阳离子交换能力较强或本身能为植物提供营养的基质，如泥炭、蛭石等）和惰性基质（阳离子交换能力低甚至几乎没有，或者本身不含植物所需养分的基质，如沙、石砾等）；根据基质组分的不同，又可将基质划分为单一基质和复合基质两类。结合蓝莓生物学特性，以下按照基质特点要求简要介绍几种蓝莓基质栽培生产过程中经常使用的基质材料。

（一）草炭

草炭（peat），又称泥炭，由沼泽中植物残体（苔藓、芦苇、松柏类植物等）在水淹、低温、缺氧、泥沙渗入等条件下，经缓慢、长期分解、堆积而形成的一类物质，通常含有未完全分解的植物残体、矿物质及腐殖质三种组分。

草炭是被世界普遍认为是最好的无土栽培有机基质之一，特别是在大规模无土育苗栽培中，以草炭为主体，配合蛭石、珍珠岩等基质，制成含有养分的营养草炭钵，或直接放在育苗盘（穴盘）中育苗，效果良好。除用于育苗外，种植生产中，草炭也常被用作主要栽培基质。

自然条件下，草炭呈褐色或黑褐色，通常含65%～70%水分，根据形成的地理条件、植物残体种类以及分解程度，可分为低位草炭、中位草炭和高位草炭三类，各类草炭的理化性质各有不同。优质草炭主要产地分布在北半球中高纬地区（50°N～60°N，如加拿大、俄罗斯和芬兰）。我国草炭主要产地在东北地区，品质一般。

草炭因含有丰富的有机质及腐殖酸类物质，而具有较强的阳离子交换能力（CEC值80～160cmol·kg^{-1}），可为植物提供稳定的根际营养环境，同时可对因浇水而造成的营养液组分变化起到良好的缓冲作用。自然草炭pH值在3.0～6.5，个别可达7.0～7.5。容重一般为0.02～0.6g·cm^{-3}，总孔隙度81%～97%，通气孔隙13.5%～23.8%，含全氮0.49%～3.27%、全磷0.01%～0.34%、全钾0.01%～0.59%。干物质中有机质含量40.2%～68.5%，个别低达30%，也有的高达70%～90%。有机质中腐殖酸含量为20%～40%，风干草炭吸水量可达自身重量的50%～400%，但水分不易迅速和充分渗入，水分吸足后则又不易渗出而影响通气性。

草炭中的营养含量很低，通常可以忽略，不会对营养液产生不良影响。草炭虽然含氮量较高，但多为有机态氮，转化成有效态氮的速度很慢，数量甚少，另外还存在有机磷、钾含量不高，且灰分偏高，酸性大，有时含活性铝和盐分或携带土传虫草害，有机质分解，其细末透气性差，质量因产地不同而参差不齐等缺点，蓝莓基质栽培的应用要扬长避短，选用有机质含量不低于40%的高品质草炭，作为基质时不宜单独使用，而应与珍珠岩、椰糠等其他基质组成混合基质，以增加容重、改善透气性等理化性质。

（二）蛭石

蛭石是一种天然、无机、无毒的矿物质，在高温作用下会膨胀，为云母类次生硅质矿物，为铝、镁、铁的含水硅酸盐，其晶体结构为单斜晶系，从它的外形看很像云母。在1000℃高温煅烧后，水分迅速逸失，其体积可迅速膨胀6～20倍，形成紫褐色有光泽多孔的海绵状小片，蛭石有较高的层电荷数，故具有较高的阳离子交换容量和较强的阳离子交换吸附能力。特点是：质轻，水肥吸附性能好，不腐烂。

蛭石容重很小（0.07～0.25g·cm^{-3}），总孔隙度为133.5%，大孔隙为25.0%，小空隙为108.5%，气水比为1：4.34，持水量为55%，电导率为0.36mS·cm^{-1}，碳氮比低。含全氮0.011%、全磷0.063%、速效钾501.6mg·kg^{-1}，代换钙2560.5mg·kg^{-1}，所含的K、

Mg、Ca、Fe以及微量的Mn、Cu、Zn等元素可适量释放供植物使用，蛭石的吸水性、阳离子交换性及化学成分特性，使其起着保肥、保水、贮水、透气和矿物肥料等多重作用。

蛭石常规的粒度规格有0.5～1mm、1～3mm、2～4mm、3～6mm、4～8mm、1～6mm等，蛭石粉由生蛭石原矿经高温焙烧，筛选，研磨加工成粉末状。主要型号有40目、60目、100目、200目、325目。

蛭石可用于花卉栽培、蔬菜栽培、水果栽培、育苗等方面。除作盆栽土组成成分和调节剂外，还用于无土栽培。作为种植盆栽和商业苗床的营养基质，对于植物的移栽和运送特别有利。蛭石能够有效地促进植物根系的生长和小苗的稳定发育。长时间提供植物生长所必需的水分及营养，并能保持根际温度的稳定。蛭石可使作物从生长初期就能获得充足的水分及矿物质，促进植物较快生长，增加产量。

（三）珍珠岩

珍珠岩，园艺上应用的通常是"膨胀珍珠岩"，生产处理过程与蛭石类似，通常是将一种酸性火山岩（铝硅酸盐），经粉碎、筛分后，加热至760～1100℃，矿物体积膨胀至原来的4～20倍，形成的一种灰色多孔性，直径1.5～4mm的灰白色多孔性闭孔疏松核状颗粒体，又称为海绵岩石。

珍珠岩具有质轻、多孔等特点，容重小，为$0.03～0.16g\cdot cm^{-3}$，总孔隙度约为60.3%，其中大孔隙约为29.5%，小孔隙约为30.8%，气水比为1∶1.04，持水量为60%，电导率为$0.31mS\cdot cm^{-1}$，营养物质含量非常低，碳氮比低。含全氮0.005%、全磷0.082%、速效钾$1055mg\cdot kg^{-1}$、代换钙$694.5mg\cdot kg^{-1}$。

珍珠岩稳定性好，能抗各种理化因子的作用，不易分解，所含矿物成分不会对营养液产生干扰，但当营养液值过低时，会因析出Al^{3+}而可能会对植物产生毒害作用。由于容重较低，易因浇水而漂浮在基质表面，生产上一般与容重较大的基质材料混配使用或者用作扦插基质。园艺上较常用的产品颗粒大小为3～4mm。

（四）松树皮

生产栽培中，树皮基质备受欢迎，一方面因为它可被加工成任意形状及颗粒大小，人们可以根据所栽培作物根系对空气含量的不同要求进行选择；另一方面因为它的缓冲能力和阳离子交换能力几乎可和草炭媲美，是一种较佳的草炭替代基质。树皮作为加工木材时产生的有机废弃物，在美国，多年前就被人们作为兰花和蓝莓的栽培基质使用，松树皮是栽培基质使用较多的一种树皮。

一般松树皮的化学组成为：有机质含量98%，其中蜡树脂为3.9%、鞣质木质素为3.3%、淀粉果胶4%、纤维素2.3%、半纤维素19.1%、木质素46.3%、灰分2%，碳氮比为135∶1，pH值为4.2～4.5。新鲜的松树皮中含有较多的酚类物质，这对于蓝莓生长是有害的，而且松树皮的碳氮比较高，直接使用会引起微生物对氮素的竞争作用，为了克服这些问题，必须将新鲜的松树皮进行堆沤，堆沤时间至少一个月以上，促使有毒的酚类物质分解。

经过堆沤的松树皮，不仅使有毒的酚类物质分解，同时也降低了本身的碳氮比，且可增加松树皮的阳离子交换量，阳离子交换量可由堆沤前的$8cmol\cdot kg^{-1}$提高到堆沤后的$60cmol\cdot kg^{-1}$。经过堆沤后的松树皮，其原先含有的病原菌、线虫和杂草种子等大多数会被杀死，在使用时不需要进行额外消毒。

松树皮的容重为$0.4～0.53g\cdot cm^{-3}$。松树皮作为基质，在使用过程中会因有机质分解而使其容重增加，体积变小，结构受到破坏，造成通气不良、易积水，一般与其他基质混合使用，用量占总体积的25%～75%，如单独使用，由于过分通气，必须十分注意浇水和施肥。

松树皮来源广泛、成本低廉，重量轻、有机质含量丰富、具有较高的CEC值（阳离子交换量），树皮块间孔隙有利于排水通气，且结构坚固，耐久性强，可持续使用5年以上。综合栽培效果情况及整体的投入产出比，松树皮被广泛地应用到蓝莓基质栽培及地栽土壤改良中。

（五）膨胀陶粒

膨胀陶粒又称为多孔陶粒或海氏砾石，是一种人工基质，呈粉红色或赤色。它是陶土在1100℃的陶窑中烧制而成的，密度为$1.0g \cdot cm^{-3}$，团粒大小均匀，内部结构松散，陶粒间空隙大，通气排水能力好，质地轻，可浮于水面。膨胀陶粒的化学成分和性质受陶土成分的影响，其pH值在4.9～9.0之间变化，内部空隙多，保水、保肥能力强，安全卫生，是世界上通用的无土栽培基质。

膨胀陶粒大孔隙多，碳氮比低，较为坚硬，不易破碎，可反复使用，吸水率为$48mL \cdot (L \cdot h)^{-1}$，陶粒大小横径为0.5～1.0cm者占大多数，少数横径小于0.5cm或大于1.0cm，有一定的阳离子交换量，为6～$21cmol \cdot kg^{-1}$。作为基质其排水通气性能良好，每个颗粒中间有很多小孔可以持水。可以当作复合基质配合草炭、松树皮等有机基质联合作为栽培基质使用，用量占总体积的10%～20%，

（六）泡沫砂

泡沫砂又称多孔改良剂，是通过特殊工艺制成的一种新型无机矿物材料，呈蜂窝状，具有孔隙发达、容重小、通气性能良好等优点。其pH值为9.2，粒径在2～15mm，一般使用10mm粒径泡沫砂作为复配基质的材料，松散容重为$0.26g \cdot cm^{-3}$。

泡沫砂是一种新型无机、长效的多孔土壤改良剂，具有很好的通气性以及较强的保水、排水性和保肥能力，研究结果显示当多孔改良剂孔隙内没有水分时，空气会充满其中；当多孔改良剂孔隙内水分充足时，仍会保持部分空间贮存空气；当植物根系缺水时，多孔改良剂孔隙内的水分扩散到多孔改良剂间，供根系吸收利用，并维持根系周围的空气湿度。每增加体积分数 1%的多

孔改良剂，土壤通气孔隙度增加0.5%，泡沫砂可作为复合基质配合草炭、松树皮等有机基质联合使用配制复合栽培基质，用量一般占总体积的10%～20%，来增加复合基质的透气性（叶伟等，2020）。

（七）醋糟

醋糟，也叫醋渣，是醋厂以大米或高粱为主要原料经过拌曲、发酵、醋化、熏醅一系列过程而生产的醋醅，最后经过四次淋醋后所剩余的固态的醋渣，醋糟是酿造食醋产生的副产品。

醋糟主要呈酸性强特征，电导率200～4000μS·cm^{-1}，全氮和全磷含量分别为30.7g·kg^{-1}和3.9g·kg^{-1}，含水率60%～80%，干物质有机质含量90%以上，较强的酸性及去除水分后较高的有机质等特征，使其成为一类较好的适宜蓝莓生长特性的有机栽培基质。

近年来，醋糟作为农业固体废弃物的一种，逐渐受到无土基质栽培行业的青睐。醋糟来源于食醋的生产，醋是人们日常生活的调味品，人均需求量大，酿醋产业在全国各地都有分布，这就保证了醋糟来源广泛、取材方便。在我国各行业对醋糟的资源化利用都处于起步阶段，新产生的醋糟一般都被当作垃圾处理，所以相对草炭、岩棉等常用基质，醋糟价格十分便宜。醋糟的主要成分是高粱、谷物等有机物质，这使得醋糟作为栽培基质富含植物所需的营养成分，和其他基质混合使用优势互补，可以代替营养液的使用。且醋糟中含有大量的粗纤维，不易碎，用作基质使用时间长，能有效节约生产成本。废弃的醋糟基质还能作为有机肥料施入大田改良土壤，实现资源的二次利用且不会造成环境污染，醋糟的这些优点在一定程度上具备了被选为基质的基本条件，符合作为新型栽培基质的标准。不过醋糟有酸性强的缺点，在用作栽培基质前需进行降酸预处理，而对于喜酸植物蓝莓的基质栽培，酸性强的醋糟基质有着先天的优势。近些年，人们对醋糟作蓝莓栽培基质的可行性，在多方面有了不同程度的研究（李琪等，2017）。

（八）椰糠

椰糠基质是由椰子纤维经过脱盐处理和消毒压缩加工成的一种纯天然的可生物降解的有机废料，与普通基质相比具有较好的透气性和保水性，椰糠基质发酵后产生的多种矿质营养元素可满足作物生长所需，其酸碱度也适宜作物的生长，椰糠基质降解缓慢，使用年限长。椰糠是可再生的，近年来全国范围内已经开始用椰糠来逐步替代泥炭，成为重要的无土栽培基质。椰糠具有良好的排水能力，又具有较高的保水能力，没有杂草和病害，并且成本价格低，酸碱度适宜且可降解，目前在蓝莓基质栽培上已有一定的应用基础（曾其龙等，2019）。

椰糠颗粒比较粗，又有较强的吸收力，透气和排水、保水和持肥的能力也较强。另外，椰棕切成小块或椰壳切成块状也能作为栽培基质。未经切细压缩者，含有长丝，质地蓬松，经过切细压缩者，呈砖状，每块重450g或600g，加水3～4L浸泡后，体积可膨大至6000～8000cm³，湿容重为0.55g·cm⁻³，pH值为5.8～6.7，吸水量为自身重量的5～6倍。因为椰糠是植物性有机基质，碳氮比较高，如果只浇清水，容易造成缺素现象，适宜水肥一体化浇灌。由于pH值、容重、通气性、持水量、价格等都比较适中，用椰糠、珍珠岩等混合后配成盆栽基质比较理想。

（九）木纤维

木纤维是由木质化的增厚的细胞壁和具有细裂缝状纹孔的纤维细胞所构成的机械组织，是构成木质部的主要成分之一。最常见的是由新鲜或废弃松木生产而来，木纤维质量小、比表面积大，具有大量不规则的空隙，这些天然空隙具有超强的亲水性能，能够容纳更大量的水分，木材纤维可作为独立基质或可添加到其他成分如泥炭中用于植物基质栽培，通常，富含木纤维的基质用于盆栽观赏灌木或植物垫层，也可用于蔬菜的无土栽培。

木纤维和其他木基材料都具有非常高的碳氮比，这可能导致氮素的固定化，并限制植物对氮素的吸收，氮固定的主要原因是微生物引起的生物吸附，微生物以碳素为能源，以氮素为营养，高的碳氮比会导致微生物吸取土壤中的氮素以补不足，这可能导致植物缺氮，施用氮肥可以有效地补充木纤维基质的氮素，为植物生长提供必要的养分。基质中木纤维含量、纤维的理化性质、类型和来源及不同的生产过程都会影响木纤维基质的基本性质，应根据木纤维基质的基本性质来调整栽培过程中的水肥管理。

（十）火山石

火山石是由火山喷发时喷出的岩浆和灰砂等物质经冷凝而形成的矿物岩石颗粒。火山石因其较大的比表面积，内部多孔隙结构，化学和稳定性好，具有较好的吸附性能，且原料来源易得，成本低廉，作为一种廉价有效吸附材料逐步受到人们的重视。火山石是一种邻二硅酸盐矿物质，具有密度小、比表面积大、化学稳定性好等特点，其内部复杂且具有很好的耐热性及环境友好性，化学成分主要为 SiO_2，还含有少量 MgO，Al_2O_3，CaO 等金属化合物。

由于火山石的多孔性，它具有较强的蓄水力，火山石中除缺氮外，硅、铁、钙、磷、钾等元素几乎不缺，是一种不可多得的优良新型介质，且作为无辐射环保材料，在无土栽培领域中被广泛使用，作为一种惰性岩石颗粒，可与草炭、松树皮等有机基质混配，提高基质的疏松度与透气性，在蓝莓基质栽培上有较好的应用前景，且已在以色列等国家开始应用。

（十一）园林废弃物

园林废弃物是指行道树修剪、草坪修剪、植物新陈代谢自然产生的枯枝落叶、残花以及杂草等废弃物。不同来源园林废弃物，其基本性状存在较大差异，草坪草与枯枝落叶作对比，草坪草的养分含量要高于枯枝落叶养分含量；草坪草的细菌多样性低于枯枝落叶细菌的多样性；在真菌多样性方面，两种材料的多样性基本一致。一般，树皮木屑C/N比为（200 ～ 750）∶1，植物残体类C/N比在（100 ～ 150）∶1，草坪草C/N比为（40 ～ 60）∶1，因此，开展园林废弃物堆肥能够改良园林废弃物的特性，提高其养分有效性。

园林废弃物堆肥是园林绿化植物修剪下来的枝叶，以及自然脱落的枯枝落叶经过堆腐过程产生的堆肥物质，其中不仅含有大量的有机质和养分，而且具有大量的孔隙结构。经过堆腐的园林废弃物具有碳含量丰富且质地疏松的特点，不仅可作为生物肥料，也可以作为一种优质的有机栽培基质，与其他常规无机栽培基质进行复配后使用。

园林废弃物堆肥整体疏松多孔，具有大量的孔性结构，其空隙大小不一，连续且形状不规则，孔径长度为5 ～ 20μm，作为一种有机栽培基质使用，能够提高栽培基质空隙孔隙度，提高基质的物理性质，提升基质肥力及微生物活性，改善基质的透气性。

三、基质比例

根据蓝莓生长的需求，单一的栽培基质很难完全满足蓝莓的生长要求，同时单一基质易受环境影响，经济效益也不是特别好。因此，需结合单一基质特性，混配基质，使基质各个性能指标达到蓝莓栽培要求的标准。

（一）基质混合原则

首先考虑栽培基质的物理性质、化学性质、生物学等特性，同时结合经济效益、市场需求、环境要求，缩小可用基质范围，并因地制宜选择栽培基质。为了调整基质的化学性能，可加入一定量的有机基质，如草炭、园林废弃物等，若为了调整基质的物理性能，则可加入一定量的无机基质，如蛭石、珍珠岩等，加入量依调整基质性能需要而定，有机基质与无机基质之比按体积计可自2∶8至8∶2。

混合基质的主要原则是要适宜蓝莓生长需要特性，包括提高基质容重，增加孔隙度，提高基质水分和空气的含量，增强疏松度。配比合理的复合基质具有良好的理化性质，有利于提高蓝莓栽培的产量。生产上一般以2～3种基质相混合为宜，同时也要与栽培水肥等管理模式相结合，使栽培基质与栽培方式、管理模式相匹配，综合提高蓝莓产量。

基质用量较小时，可用铲子直接将复合基质各组分搅拌混合均匀，用量较大时，使用混凝土搅拌器将基质搅拌混匀。配制好的复合基质，在使用前必须测定其pH值和盐分含量，以确定该复合基质是否适合蓝莓种植，如果pH值过高的话，需要酸洗降低基质的pH值，如果盐分含量过高的话，则需要进行水洗以降低基质的盐分。在有条件的情况下，建议取样分析混合基质的养分含量情况，以此为后续的水肥管理提供必要的基础数据。

（二）常用复合基质

常用复合基质有1:1的草炭、蛭石,1:1:1的草炭、松树皮、珍珠岩，1:1:1的草炭、稻壳、松树皮，1:1:1的草炭、醋糟、珍珠岩，1:1:1的园林废弃物、松树皮、火山石，1:1:1的园林废弃物、木纤维、珍珠岩等复合基质，这些常规易得的复合基质在蓝莓基质育苗和栽培生产上有较好的应用效果。

还有一些国内外常用的复合基质：①1份草炭:1份珍珠岩:1份火山石；②1份草炭:1份松树皮:1份沙；③1份草炭:1份沙；④1份草炭:2份火山石:1份松树皮；⑤3份草炭:1份珍珠岩；⑥2份草炭:1份火山石:1份沙；⑦3份草炭:1份松树皮；⑧2份草炭:1份松树皮:1份珍珠岩；⑨2份草炭:1份椰糠:1份珍珠岩；⑩1份草炭:1份椰糠:1份火山石。这些复合基质都有自身特性，在蓝莓基质栽培上有相应的应用效果。

（三）商用混合基质

近年来，我国蓝莓基质栽培面积快速增长，对栽培基质需求的质量和数量大为增加，为此市场上出现了较适用的商用混合基质。此外，利用不同粒径椰糠压缩的椰糠砖也陆续被使用。

　　椰糠砖是一种蓝莓专用的椰糠种植袋，重约2.3kg，膨胀后尺寸28.5cm×28.5cm×24cm，包装袋就是载体"花盆"，节省了蓝莓购盆的费用，底部开有排水孔，浇水即可使用（图4-4）。椰糠种植袋在简易保护地的环境下可连续使用5年以上。椰糠种植袋简单易用，种植前将椰糠袋浇入足量清水，充分膨胀后即可种植蓝莓（图4-5），椰糠所含养分很少，建议配合水肥一体化自动灌溉设施。

图4-4　椰糠种植袋

图4-5 栽植于椰糠种植袋的蓝莓

第五章
蓝莓园区规划与建设

一、园址选择与规划

园址的选择是蓝莓基质栽培成功与否的关键因素。园址的选择需要综合的、多方面的调查和评价，主要考虑的是气象条件、水资源、劳动力、交通条件以及电力情况等。

（一）对周围环境的要求

基质栽培摆脱了蓝莓对土壤的苛刻要求，蓝莓园甚至可建设于废矿区、盐碱地等各种立地困难的土地上。但是，园址的选择需尽量避免有易有重大自然灾害（洪、涝、泥石流、强风和冰雹）以及粉尘污染的区域，地形以坡度小于15%的缓坡地较为适宜。此外，蓝莓花和果对低温极其敏感，气温低于0℃即可对花和果造成损伤。因此，园址的晚霜期应与蓝莓花期不同步，应避免霜冻对蓝莓花果造成危害。

蓝莓基质栽培所涉及的灌溉等设备需要充足的电力方可正常工作，园址选择时需确保所在区域1km内有高压电且电力容量充足。现阶段基质栽培的蓝莓主要以鲜果销售为主，为方便运输和采摘，建议基地距离主干道不超过2～3km，且基地周边应有充足的劳动力，以保证果实采收。

（二）对水的要求

基质栽培蓝莓园水分消耗大，须拥有充足的水源，水源可为地下水、地表水或雨水等。基于我们的生产经验，云南省建水县基质栽培的大部分蓝莓品种日最大耗水量每株小于15L，园区可基于最大日耗水量建设贮水罐或者贮水池，保证基地2～3天的用水量。此外水源质量要求达到《农田灌溉水质标准》（GB 5084—2021），总盐量不高于1000mg·L^{-1}，电导率（EC）不高于0.5mS·cm^{-1}，pH值不高于8。且水源中的氯含量不得超过300mg·L^{-1}，钠离子含量不超过46mg·L^{-1}。

（三）道路系统的规划

蓝莓基质栽培园的道路一般分为主干道和支道，主干道一般宽度在5～7m，种植面积小的果园可以控制在4m，主干道不一定是硬化路面，但需保持地面平整无坑洼。支道的宽度一般为2～4m。坡地蓝莓园的道路可根据地形布置。顺坡道路应设置于坡度较缓处，横向道路应沿等高线，按3%～5%的比降，路面内斜2°～3°修建，并于路面内测修排水沟，减少雨水冲刷，保护路面。

（四）排水系统的规划

蓝莓抗涝能力差，基质淹水会导致植株根系损伤甚至死亡。此外，基质栽培蓝莓园积水，会提高空气湿度，加重灰霉病、白粉病的暴发，危害蓝莓叶、果。因此应根据地形、地质、集雨面积等规划好园区的集水沟、排水支渠、排水主渠等，排水设计流量参照《灌溉与排水工程设计标准》（GB 50288—2018）规定的方法分析计算确定。

二、设施类型选择

（一）设施类型

大部分的基质栽培蓝莓园需要温室和塑料大棚等保护设施。温室又可分为不加温的日光温室和加温日光温室两种（图5-1），日光温室一般由透光前坡、外保温帘、后坡、后墙、山墙和操作间组成，基本朝向为坐北朝南，东西向延伸，围护结构具有保温和蓄热双重功能。加温温室的加温设备一般为火炉、锅炉、暖管等，加温设施一般安装在靠北墙处。不加温的日光温室主要分布在辽东半岛、胶东半岛两个蓝莓产区，加温温室可在寒冷时期对温室加温，保证蓝莓生长发育的温度需求，提早蓝莓上市时间。

图5-1　日光温室

塑料大棚（图5-2）是一种以塑料薄膜作为透明覆盖材料的拱形栽培设施，结构简单，骨架主要包括拱架、纵梁、立柱、山墙立柱、骨架连接卡具和门等。基质栽培蓝莓园的塑料大棚，应结构牢固，抗风、雪能力强，易于通风换气。一般以钢结构的无支柱或少支柱大棚为宜，跨度在6m以上，长度不长于60m，肩高2m以上，脊高4.5m以上较适宜。塑料大棚还可根据生产情况，内外覆盖保温材料，以达到防寒、避雨和早熟等目的。

图5-2 塑料大棚

（二）日光温室和大棚的性能

温室和大棚的光照强度取决于棚室外自然光的强度。强度大小随纬度和天气条件的变化而变化，同时也取决于塑料薄膜的透光性能。在垂直方向上，光照强度从上到下递减，距地面越近光照强度越小。在午前和午后，温室的东西山墙附近遮阳，光照强度减弱。对于大棚内的水平光照强度，南北向的大棚比较均匀，东西向的大棚南侧高于中部和北侧。

温室和大棚的温度主要来源于太阳辐射，因此棚室内温度高低与光照直接相关。晴天光照强，棚室内温度高，阴天和夜间则温度较低。冬季和早春晴天条件下，棚室内温度一般可达15℃以上。在棚室密闭状态下，棚室内温度每小时可上升5～8℃，一天内最高气温多出现在12～13时，比外界最高温度出现早，后气温逐渐下降。大棚气温在15～17时降温快，降温幅度为每小时 5～6℃，随着棚内外温差的缩小，夜间降温幅度迅速变小，大约每小时降温1℃，到凌晨时，棚内气温仅较露地高3～5℃。在早春或晚秋晴天微风的清晨，甚至会出现棚内温度低于露天温度1～2℃的逆温现象。对于日光温室，其保温覆盖物放下后，室内气温会回升1～2℃，到夜间后温室内温度还会缓慢下降，一般下降3～8℃。

由于温室和大棚的密闭性较好，棚室内的相对湿度和绝对湿度均明显高于露地。影响棚室内湿度的主要因素是地面土壤水分和温度。土壤湿度越大，棚室内的湿度也越大。棚室内温度和湿度成反比，一般而言棚室内温度每升高1℃，空气相对湿度下降3%～5%。因此，低温季节棚室内相对湿度高，高温季节相对湿度低。夜晚湿度高，白天湿度低，白天中午前后湿度最低。

（三）日光温室和大棚覆盖物

温室和大棚的覆盖物主要包括塑料薄膜、草帘、保温被、保温膜等。其中塑料薄膜是棚室最重要的透光保温材料，其理化性质的不同，将影响温室的采光性和保温性。蓝莓基质栽培的棚室一般选用聚乙烯（PE）无滴防雾膜和聚烯烃膜（PO）。PE膜不易吸尘，透光率高，但传热快，保温性较差，易老化，生产上常选用PE与乙烯-醋酸乙烯（EVA）共挤形成的多层复合薄膜。PO膜透光率高，防雾、防滴性能好，抗风和抗灰尘性能也较强，不易老化，但售价较高。

草帘是最常用的温室保温材料，取材方便，价格低廉，使用寿命一般为2～3年。保温被常用的有两种，一种是化纤绒制成，另一种是用防雨绸布中间夹喷胶棉制成。这两种保温被保温效果均较好，虽然造价较草帘高，但是使用年限长。

大棚有时为了保温，在内部挂保温幕或者内保温被。根据悬挂方式可以分为永久幕和半固定幕。永久幕一般选用高透光率的通气膜，由于其增加了光的拦截，并加大了空气湿度，蓝莓基质栽培上运用少。半固定幕可以在保温幕不使用时，推至一边，近年来运用较多（图5-3）。

图5-3　内置半固定保温幕

三、灌溉设备

　　蓝莓基质栽培采用滴灌方式进行水肥灌溉。常规滴灌系统一般包括水源工程、水处理系统、施肥系统、灌溉控制系统、输配水管网及灌水器等。水源工程针对各种水源，通过位差或水泵将水通过水渠或管道引入种植园内的蓄水池或蓄水罐（图5-4，图5-5）。对于含沙量大的水源，还需建设沉沙池，将水中沙粒沉淀进行一级过滤。水处理系统、施肥系统和灌溉控制系统组成了滴灌系统中的首部枢纽，是生产上实现水肥合理灌溉的关键。

图5-4　蓄水池

图5-5　蓄水罐

（一）水处理设备

　　滴灌系统中滴头的流道断面小，出水孔小，易被水源中的有机、无机杂质堵塞，因此对灌溉水源进行严格的过滤处理是保障滴灌系统正常运行，延长滴头使用寿命的关键措施。滴头堵塞主要可以分为大颗粒杂质所引起的物理堵塞；水中阳离子（钙、镁等）含量高，在流道中结晶引起的化学堵塞；由藻类、细菌黏物质等所引起的生物堵塞。物理堵塞可通过过滤的方法有效解决。

化学堵塞和生物堵塞，一般采用加酸或加碱等化学方法避免。

　　水处理过滤设备常使用的有离心式过滤器、砂石过滤器、网式过滤器、叠片过滤器等几种类型。生产上一般情况下，由两种过滤器配合使用。

　　离心式过滤器利用旋流和离心原理，基于砂粒和水所受的离心力不同，水通过向上运动的内旋流从出口排出，而大部分砂粒及残余的水沿器壁向下汇流至底部的集污箱中，被定期清洗排出。该过滤器不能除去与水质量相近或比水轻的有机质等杂物，特别是水泵启动和停止时过滤效果下降，会有较多的砂粒进入系统。离心过滤器只能作为初级过滤器，去除水中的泥沙和小石子。

　　砂石过滤器（图5-6）利用石英砂或花岗岩砂为介质过滤水中杂质，基本组成包括进出水管、过滤罐体、砂床和排污孔等。砂石过滤器按组合、规模大小分为单罐单独运行和多罐并联运行两类，单罐过滤器结构简单，操作方便，冲洗时需要停止向系统供水。多罐过滤器结构相对复杂，一般自动化程度比较高，能够持续向系统供水，生产上使用较多。砂石过滤器是富含有机物和淤泥杂质水源的最适宜过滤器，适用于水库、池塘、河道等地表水源。其不足之处是对粒径低于10μm的杂质过滤效果差，设备占据空间大，反冲洗用水量也大。

图5-6　砂石过滤器

网式过滤器是一种利用过滤网机械筛分杂质的过滤器，结构简单，由筛网和壳体两部分组成。网式过滤器按滤网清洗方式可以分为手动清洗和自动清洗，手动清洗需要将滤网取出进行刷洗或冲洗，自动清洗包括反向水流清洗和吸污管清洗两种。

　　叠片过滤器（图5-7）是一串带沟槽的塑料薄片叠压在内撑上，通过弹簧和液体压力压紧时，叠片之间的沟槽交叉，从而形成的独特过滤装置。叠片过滤器结构简单轻便，维护方便。叠片过滤器的清洗可以用压力表或压差传感器指导清洗，清洗时一般采用反向水流冲洗方式，将压紧的叠片松开，水流再将叠片间滞留的杂质冲洗干净并排出。

图5-7　叠片过滤器

　　为控制灌溉水中的细菌、真菌和病毒，过滤后的水还可通过紫外线进行杀菌处理。紫外线消毒器（图5-8）广谱杀菌，不添加任何化学品，能耗低，无需额外的混合器，运行成本低。

（二）施肥设备

　　施肥设备可分为两大类，一类是可以保持肥液注入浓度恒定的装置，如文丘里施肥器、比例施肥泵等；另一类是注肥过程中肥液浓度逐渐减小的装置，如压差式施肥罐。蓝莓基质栽培中为了更好地控制施肥浓度，一般选用第一类施肥设备。

图5-8 紫外线消毒器

文丘里施肥器适用于小型滴灌系统，工作原理是水流经缩小的管道时流速增大，产生负压，利用该负压吸取容器中的肥液。该设备简单，没有运动部件，没有额外的动力设备，成本低廉。缺点是吸肥过程中水头损失较大，因此需要保证灌溉管道中水压力充足。同时该设备对压力和流量变化较为敏感，其运行工况的波动会造成水肥混合比变化。

注肥泵通过泵向滴灌系统输水干管注入肥液，基于注肥泵的动力来源，分为水力驱动和机械驱动两种形式。水力驱动式施肥泵（图5-9）通过管道水压驱动的隔膜式水动泵向主管道注入肥液，其优点是无需额外动力，可在吸肥过程中调节注入肥液的流量，在适宜范围内可准确按照设定的比例向输水管道注肥，但一旦泵的进口流量超过其工作范围，注肥比例将严重偏离设定值。机械式注肥泵（图5-10）需利用外加动力的活塞泵向主管道注入

图5-9 水力驱动式施肥泵

图5-10 机械式注肥泵

肥液，其最大优点是供给的肥液浓度不受输水主管道压力变化影响，施肥质量好，效率高，可以实现灌溉液EC值和pH值实时自动控制的施肥灌溉，缺点是其吸入量不易调节且EC值和pH值可调节的范围有限，另外工作稳定性较差，系统压力损失较大。

自动灌溉施肥机（图5-11）相对于注肥泵，配备了更为科学的控制系统，用于实现不同场景下复杂的灌溉需求，其由吸肥系统、混肥系统、控制系统、动力系统、管道系统等组成。基于吸肥系统通道数量可以分为单通道施肥机和多通道施肥机，蓝莓基质栽培一般选用多通道施肥机，其可满足大流量的施肥需求，高频率的灌溉需求，实现水肥精准和稳定供给。

图5-11　自动灌溉施肥机

（三）自动控制系统

滴灌系统的自动控制系统主要分为简单定时控制系统和高级闭路可编程控制系统。简单定时控制系统主要是通过定时控制器对灌溉设备进行简单的定时开启和关闭，控制器自动执行控制命令自动启闭水泵、阀门，按设定的规定时间和轮灌顺序进行灌溉，实现自动化灌溉。该系统操作简单，成本经济，适用于小型地块的简单灌溉控制。但由于该系统没有信息反馈和控制调节，灌溉过程完全参照设定的参数运行，缺乏灵活性。

高级闭路可编程控制系统通过可编程控制器及一系列的控制参数设定完成灌溉控制运行，其既有简单的定时控制功能，也具备对各种传感器所获取的数据进行反馈和逻辑判断等控制功能，能实现复杂的灌溉控制过程。该系统一般都采用了现代通信、网络技术，可连接电脑，用户可通过电脑进行操作，简单方便。同时强大的控制功能使灌溉控制调节更加精准，有利于提高水肥的利用率。

（四）毛管与灌水器

蓝莓基质栽培所用毛管一般选用管径16mm或者20mm的PE管，为了防止夏季高温对灌溉水温度的影响，选用白色管较多。灌水器则常选择每小时2L或4L的高压防滴漏压力补偿式滴头，以保证整个园区种植盆获取的水量一致。同时，对于流量为2L/h和4L/h的滴头，分别在出水口安装2出口或4出口接头，每个接头与毛管和滴箭连接，以保障种植盆内基质水分分布均匀（图5-12）。

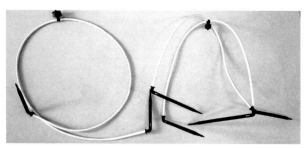

图5-12　滴头与滴箭

四、苗木定植

（一）定植时期

春季、秋季和冬季均可定植，但以秋季定植成活率高。若春季定植，则越早越好。云南产区夏季也可以定植，但植株当年生长量较小，且将影响未来的产量。

（二）苗木选择及处理

生产上用于定植的苗木除了营养钵苗，也可选择苔藓苗。质量好的苔藓苗根系发达（图5-13），须根多，颜色泛白，茎干健壮，偏绿色，无病虫害和损伤，老叶叶色绿，新叶翠绿或轻微泛红，株高10cm以上，生长势强。营养钵苗以生根后继续抚育1～2

图5-13　根系发达的钵苗（孙金喜拍摄）

年，营养钵大于1L，育苗基质不含土壤较为适宜，质量好的钵苗还需确保根系发达，须根多，根系颜色泛白或浅棕色，含有2～3个以上的分枝，生长健壮，无病虫害。

苔藓苗栽植前根系基质应保持湿润，栽植时应去除大部分的苔藓，并用2000～2500倍的克菌丹溶液浸泡1～2s，预防根系病害。营养钵苗种植也需维持钵内基质湿润，若育苗基质与生产基质性质差异大，还需尽量去除原有的育苗基质。若营养钵苗根系形成了根壁，则需破除根壁，并用2000～2500倍的克菌丹溶液浸泡1～2s，预防根系病害（图5-14）。

图5-14 蓝莓根系杀菌剂处理（孙金喜拍摄）

（三）基质处理

一般情况下，栽培基质需进行集中泡发至充分湿润，并利用工具将基质充分打散至无块状黏结，再直接装盆（图5-15）。由于基质泡发时，草炭等细小颗粒会沉积在泡发基质堆的底部，该部分基质吸水性强，透气性差，不利于植株生长，应舍弃。

图5-15　基质泡发后装盆并栽植蓝莓

栽培基质也可不泡发直接装盆，并摆放至种植区。在蓝莓苗种植前，利用滴灌系统提前浇灌基质，使其湿润。该方法无法将盆内表层基质湿润，苗木定植时需浇灌更多的定根水，保证盆内所有基质湿润（图5-16）。

（四）栽植密度

基质栽培的蓝莓株行距一般为（0.4 ~ 0.8）m×2.5m，也有部分企业开始适当加大行距至3m，以方便采摘和机械化作业。

图5-16　基质盆内泡发

（五）栽植方法

生产上为方便水肥管理，同一品种的蓝莓苗集中种植于同一个灌溉区，若两个品种需水量接近，则建议间隔种植。定植时于盆正中间挖浅穴，将蓝莓苗根系尽量向四周伸展放入穴中，覆盖基质，使蓝莓苗根颈部埋深 1～2cm，并确保植株茎干与基质表面垂直。之后立即浇灌定根水，确保根系与基质紧密接触。营养钵苗定植后，还需修剪去除细弱枝和损伤枝，保留 2～3 个主枝，并将株高修剪至20～30cm，修剪完毕后，喷施多菌灵、代森锰锌等杀菌剂进行病害预防（图5-17）。

图5-17　修剪后的蓝莓幼苗

第六章
营养液的配制与灌溉

一、营养液的原料

植物生长必需的营养元素有16种，分别是碳（C）、氢（H）、氧（O）、氮（N）、磷（P）、钾（K）、钙（Ca）、镁（Mg）、硫（S）、铁（Fe）、硼（B）、锰（Mn）、铜（Cu）、锌（Zn）、钼（Mo）和氯（Cl）。蓝莓基质栽培体系下，基质所携带的营养元素量极少，除碳、氢和氧来源于水和大气之外，蓝莓生长所需的其他营养几乎全部来自浇灌的肥液。

蓝莓基质栽培中配制营养液所用的肥料主要包括以下几种：

① 硫酸铵 [$(NH_4)_2SO_4$]，分子量为132.1，硫酸铵中氮含量为21%，外观为白色结晶，易溶于水。

② 硝酸钙 [$Ca(NO_3)_2 \cdot 4H_2O$]，分子量为236.15，含有氮和钙两种营养元素，氮含量为11.9%，钙含量为17%。硝酸钙外观为白色结晶，极易溶于水，吸湿性极强，暴露于空气中极易吸水潮解，贮藏时应注意密闭并放置于阴凉处。

③ 硝酸钾（KNO_3），分子量为101.1，硝酸钾的氮和钾含量分别为13.9%和38.7%，它给作物提供了氮和钾。外观上白色结晶，吸湿性较小，但是长期贮藏于潮湿环境也会结块。该肥具有助燃性和爆炸性，需避免猛烈撞击。

④ 磷酸二氢铵（$NH_4H_2PO_4$），分子量为115.03，磷和氮含量分别为26.9%和12.2%，它可提供氮和磷。纯品的磷酸二氢铵为白

色结晶，易溶于水，溶解度大。

⑤ 磷酸二氢钾（KH_2PO_4），分子量为136.09，磷和钾的含量分别为22.8%和28.6%。磷酸二氢钾性质稳定，吸水性很小，不易潮解，易溶于水。

⑥ 硫酸钾（K_2SO_4），分子量为174.27，钾和硫的含量分别为44.8%和18.4%。硫酸钾性质稳定，不结块，较易溶于水，溶解度较低。

⑦ 七水硫酸镁（$MgSO_4·7H_2O$），分子量为246.48，外观为白色结晶，含镁量9.7%，含硫量13%，易溶于水，稍有吸湿性，潮湿条件下贮藏会结块。

⑧ 硝酸镁［$Mg(NO_3)_2·6H_2O$］，分子量为256.41，氮和镁的含量分别为10.9%和9.4%，硝酸镁为白色结晶，易潮解，易溶于水。

⑨ 螯合铁（EDTA-Fe-13），分子量为421.1，黄棕色粉末，化学性质稳定，不易被氧化或还原，可以与磷酸盐、碳酸盐肥料混合使用，易溶于水，施用pH范围为1.5～6.0。

⑩ 硼砂（$Na_2B_4O_7·10H_2O$），分子量为381.4，含硼量11.3%，外观为白色晶体，易溶于水，是良好的硼素来源。

⑪ 四水八硼酸钠（$Na_2B_8O_{13}·4H_2O$），分子量为412.5，含硼量21%，外观为白色粉末，易溶冷水中，是一种新型高效速溶性硼酸盐。

⑫ 硫酸锰（$MnSO_4·H_2O$），分子量为169，含锰量32.5%，外观为粉红色晶体，易溶于水。

⑬ 硫酸锌（$ZnSO_4·7H_2O$），分子量为287.5，含锌量22.7%，外观为无色或白色晶体，易溶于水。

⑭ 硫酸铜（$CuSO_4·5H_2O$），分子量为249.7，含铜量25.6%，外观为蓝色晶体，易溶于水。

⑮ 四水合钼酸铵［$(NH_4)_6Mo_7O_{24}·4H_2O$］，分子量为1235.9，含钼量54.3%，含氮量6.8%，外观为无色或浅黄绿色晶体，易溶于水。

⑯ 钼酸钠（$Na_2MoO_4 \cdot 2H_2O$），分子量为242，含钼量39.6%，外观为白色晶体，易溶于水。

为保障所配制的肥液中各养分元素含量准确，上述肥料需纯度高，杂质少。此外，蓝莓对于氯的需要量极微，某些程度而言，是忌氯植物，基质或水中的少量氯即可满足蓝莓需求，无需额外添加。

二、营养液的组成

（一）营养液的组成原则

蓝莓基质栽培浇灌的营养液基本组成原则为：

① 营养液中含有蓝莓生长所必需的全部营养元素。

② 营养液中的各种化合物都是以蓝莓可吸收的形态存在，一般情况下是离子态或分子态。

③ 营养液中各种营养元素的数量和比例应符合蓝莓正常生长需求，而且是生理均衡的。正常情况下，所选用的肥料种类应尽可能少。

④ 营养液中的各种营养元素在种植过程中，不会因温度变化、根系吸收、营养液理化性质变化等使其有效性短时间内下降。

⑤ 营养液的总盐分浓度及其pH适宜蓝莓正常生长要求，不因高盐度对蓝莓产生胁迫，也不因低盐度引起蓝莓缺肥。

（二）营养液浓度的表示方法

营养液浓度是指在一定体积的营养液中，含有的营养元素或其他化合物的质量。生产上常用一定体积的营养液中含有多少元素或化合物的质量来表示，例如营养液中含有$342mg \cdot L^{-1}$硫酸铵。这种浓度表示法可以直接用于称量肥料进行营养液具体配制，故也称之为工作浓度。由于硫酸铵中含氮量为21%，上述营养液中氮含量则为$71.8mg \cdot L^{-1}$，表明上述营养液1L中，含有71.8mg的氮元素质量，这种浓度表示方法可以用于不同配方间同种元素的浓度比较。

由于上述浓度表示方法只能表征某个元素或者化合物的浓度，而营养液由多种元素或化合物按照一定比例组成。生产上为了便于管理，引入电导率（EC）来表征营养液的浓度。在一定浓度范围内，营养液中养分总浓度与电导率成正相关关系，养分总浓度越高，溶液的电导率越大。电导率用电导率仪测定，目前生产上一般使用便携式电导率仪，十分简便（图6-1）。蓝莓基质栽培中，每天至少监测1次营养液的电导率，来判断营养液浓度，并以此为依据调节营养液浇灌浓度（图6-2）。

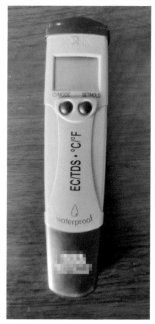

图6-1　便携式EC笔

图6-2　浇灌营养液、基质排出液收集与EC测定

三、营养液的配制

（一）营养液配制的原则

营养液配制的基本原则是确保营养液在配制后存放和使用时，不产生难溶性化合物沉淀。由于营养液配方中一般都含有产生难溶性物质的化合物和元素，例如钙、锰、铜等阳离子和磷酸根、硫酸根等阴离子，这些离子在浓度高时会相互作用产生沉淀。为避免沉淀，生产上会控制浓缩的贮备液（也称母液）的浓度，或将易产生沉淀的几种肥料配制在不同的母液桶，或在母液桶中添加酸，降低母液桶中溶液的pH值等（图6-3）。

图6-3　母液配肥桶

（二）营养液配方

我国蓝莓基质栽培发展至今，各个企业的营养液配方差异极大，据笔者了解，现在暂无一个通用的营养液配方。下列为部分在滇外资企业的蓝莓种植园使用的蓝莓配方：

① 硫酸铵390mg·L⁻¹，硫酸钾310mg·L⁻¹，磷酸二氢钾240mg·L⁻¹，硫酸镁270mg·L⁻¹，硝酸钙340mg·L⁻¹，EDTA钙670mg·L⁻¹，EDTA铁20.1mg·L⁻¹，硫酸锌2.39mg·L⁻¹，硼酸

$3.09mg \cdot L^{-1}$，硫酸铜$0.2mg \cdot L^{-1}$，钼酸铵$1.27mg \cdot L^{-1}$，硫酸锰$2.67mg \cdot L^{-1}$。

② 硫酸铵$449mg \cdot L^{-1}$，磷酸二氢铵$219mg \cdot L^{-1}$，硝酸钙$435mg \cdot L^{-1}$，硫酸钾$401mg \cdot L^{-1}$，硫酸镁$344mg \cdot L^{-1}$，EDTA铁$26.9mg \cdot L^{-1}$，EDTA锌$0.68mg \cdot L^{-1}$，EDTA锰$1mg \cdot L^{-1}$，硼砂$7.25mg \cdot L^{-1}$，EDTA钙$340mg \cdot L^{-1}$，EDTA铜$0.51mg \cdot L^{-1}$，钼酸铵$1mg \cdot L^{-1}$。

③ 硫酸铵$180mg \cdot L^{-1}$，磷酸二氢钾$220mg \cdot L^{-1}$，硝酸钾$60mg \cdot L^{-1}$，硝酸钙$150mg \cdot L^{-1}$，硫酸镁$70mg \cdot L^{-1}$，EDTA铁$18mg \cdot L^{-1}$，EDTA锌$2mg \cdot L^{-1}$，EDTA锰$2.5mg \cdot L^{-1}$，硼砂$1.8mg \cdot L^{-1}$，EDTA铜$0.75mg \cdot L^{-1}$，钼酸铵$0.6mg \cdot L^{-1}$。

④ 硫酸铵$104mg \cdot L^{-1}$，磷酸二氢铵$104mg \cdot L^{-1}$，硝酸钾$40mg \cdot L^{-1}$，硫酸钾$64mg \cdot L^{-1}$，硝酸钙$96mg \cdot L^{-1}$，硫酸镁$120mg \cdot L^{-1}$，EDTA铁$15mg \cdot L^{-1}$，EDTA锌$1.6mg \cdot L^{-1}$，EDTA锰$1.7mg \cdot L^{-1}$，硼砂$0.6mg \cdot L^{-1}$，EDTA铜$0.6mg \cdot L^{-1}$，钼酸铵$1.6mg \cdot L^{-1}$。

也有部分企业的蓝莓种植园会在营养液配方中添加海藻素和氨基酸液态有机肥，以促进根系生长。

由于蓝莓品种，生长阶段（营养生长，生殖生长和休眠），水源等因素，均会对根系营养吸收造成影响。实际生产中，需结合蓝莓生长势、养分吸收情况（浇灌液和排出液，叶片营养诊断等）、水质、肥料品种、气温等因素对营养液配方进行调整。例如，营养生长阶段营养液配方中的铵态氮和硝态氮比一般为（$1.5 \sim 3$）:1，生殖生长阶段为（$1:1$）~（$1:2$）。配方中氮钾含量比为（$1.5 \sim 2.8$）:1，生殖生长阶段营养液中钾含量提高，但仍需注意的是，蓝莓体内的氮钾比远低于其他园艺作物的（$0.5 \sim 0.7$）:1（Voogt et al.，2014）。不同水源的含钙量差异很大，基于营养液配方配制时就需要扣除水源中提供的钙元素含量，减少钙肥用量。微量元素在营养液配制过程中若不与其他化合物产生沉淀，则可以用硫酸盐形态的化合物替代螯合态的微量元素，降低肥料成本。

（三）营养液配制

蓝莓的营养液配制一般包括母液和工作营养液（直接浇灌进入种植盆）两种。生产上一般用母液稀释成工作营养液，母液一般是工作营养液的100～250倍，母液浓度太高容易产生元素间的沉淀反应，或造成部分肥料过饱和而析出；太低则会增加母液配制次数，提高人工成本。

为了防止配制母液时产生沉淀，不能将配方中所有的肥料放置在一起溶解。生产上一般将营养液配方中的肥料分为两类，其配制的母液分别称为A母液和B母液。A母液一般以钙盐为中心，凡不与钙产生沉淀反应的肥料均可放置在一起溶解，一般包括硝酸钙、硝酸钾、硝酸镁、螯合态的微量元素等。B母液一般以磷酸盐为中心，凡不与磷酸根产生沉淀的肥料都可以溶解在一起，一般包括硫酸铵、磷酸二氢铵、磷酸二氢钾、硫酸钾、硫酸镁等。由于蓝莓喜酸，为了调节浇灌的营养液pH，还可增加C母液，该母液为浓缩的酸溶液。为方便灌溉员配制营养液母液，可以制作下表（表6-1）。

表6-1　营养液母液配制

基地名称：

日期			作物	蓝莓	母液体积	
A桶			B桶			
肥料	用量	单位	肥料	用量	单位	
硝酸钙		kg	硫酸铵		kg	
螯合态铁		g	磷酸二氢铵		kg	
螯合态锰		g	硫酸钾		kg	
螯合态铜		g	硫酸镁		kg	
螯合态锌		g				
螯合态锰		g				
硼砂		g				
			稀释比例			

配制母液时，应根据天气变化及每天灌溉量，对母液配制量进行调整，保证母液在配制后的两周内使用完毕。为避免配制母液的过程中出现差错，还需建立相关操作规程：

① 定期检查台秤等称重仪器，确保称量的准确性。

② 肥料称量时，需反复核对称量数量的准确性，并保证所称取的肥料名称相符（特别是在称量外观上相似的肥料时）。建议肥料称量过程两人协作完成，相互监督，避免称量错误。

③ 依次准确称取A母液和B母液中各种肥料后，分类放置在母液配制场地规定的位置，最后核查无误，才可溶解配制。

④ 溶解时，在母液桶内先添加1/2～2/3体积的水，并开启搅肥泵，依次加入肥料，充分搅拌待肥料完全溶解后，再添加下一种肥料，待所有肥料全部溶解后，加水至所需配制的体积，充分搅拌均匀即可。

⑤ 为了防止母液在长时间的贮存时产生沉淀，可加入硝酸或硫酸将母液酸化至pH值为4以下，同时母液需置于阴凉避光处保存。

⑥ 建立严格的档案制度，将配制人员、配制日期、所用各种肥料的用量记录存档，以备查验。

⑦ 为确保正常生产，应经常性统计肥料库存量，避免由于肥料库存不足，影响生产。一般情况下，需确保肥料库存量可满足1个月的生产需求。

大部分的基质栽培蓝莓园，通过施肥机或比例施肥泵等参照设定的参数，自动将母液吸入管道，稀释，并混合成工作营养液，直接灌溉。部分小型蓝莓园，会建设工作液贮存池，手动添加母液进行工作液配制。配制时，在贮存池内放入配制体积的1/2～2/3的清水，量取所需的A母液并倒入贮存池，启动水泵循环流动或搅拌使其扩散均匀；然后量取B母液，缓慢倒入贮存池中的水源入口处，让水源稀释B母液后，带入贮存池中，此过程所加入的水量以达到总液量的80%为宜，最后再加入酸液，将工作液调至所需的pH范围，最后补充清水至所需的体积，开启水泵循环流动或搅拌工作液至均匀，完成工作液的配制。

四、灌溉策略

蓝莓基质栽培的灌溉策略是指蓝莓整个生长季中灌溉启停时间、单次灌溉量、单次灌溉持续时间、灌溉间隔时间、每天灌水总量、溉肥液的理化参数等确定过程的总称。

（一）灌溉模式

蓝莓基质栽培水肥灌溉模式不同于地栽蓝莓，主要采用高频灌溉或脉冲式灌溉，即每天多次灌溉，将总水量以一定的间隔时间分次灌溉。这种模式避免了由于基质排水性强，长时间持续灌溉导致的大量水肥流失，从而极大提高水肥利用效率。

（二）灌溉启停时间及间隔

灌溉的启停时间一般根据气象、树体长势以及基质持水特性等进行确定。一般而言，灌溉的起始时间为太阳升起后的2～3个小时，停止灌溉时间为太阳下落前的2～4个小时。另一种判断停止灌溉时间的方法是，确保第二天清晨盆底部基质的含水量为75%左右。灌溉间隔时间可采用等间隔时间灌溉，如间隔半小时、1小时、2小时甚至3小时等。也可基于天气情况，在中午高温期，缩短灌溉间隔时间；或阴雨期间，加大灌溉间隔，以确保基质中部含水量在4个小时内会有所下降，而不是维持完全饱和状态。

（三）灌溉量的制定

灌溉量受到气象因素、品种、树体长势、基质特性以及灌溉系统负荷等因素影响。每日灌溉量的确定，技术上有很多方法，例如：感官法、称重法、水分传感器法、蒸散模型法等。生产上普遍使用的是基于排液比确定植株的灌溉量，即每天植株的排液量占灌溉量的15%～30%，并确保在上午11时前后，基质有排出液。该方法虽然不能保证每天精准灌溉，但是简便、可靠、可行。灌溉员通过当日的灌溉量，以及第二日的天气预报，初步估算出第二日的灌溉量，结合灌溉启停时间和间隔，制定第二日的灌溉量。

（四）灌溉液的pH和EC

蓝莓灌溉液的pH值一般设置为5.5～6.5，以确保排出液pH值低于5，较低pH值灌溉液利于蓝莓根系生长。生产上，灌溉液的pH值常使用硝酸，磷酸进行调节，若可采购硫酸，则更佳。

灌溉液的EC随水源水质、蓝莓品种、生长势以及生长状态而调整。生殖生长阶段，树体营养消耗大，一般灌溉液的EC较高；营养生长阶段，灌溉液EC则偏低。生殖生长阶段，灌溉液EC一般设置为$0.8～1.5mS \cdot cm^{-1}$，并确保排液EC不高于$2.5～3.0mS \cdot cm^{-1}$。营养生长阶段，灌溉液EC一般设置为$0.5～1.3mS \cdot cm^{-1}$，并确保排液EC不高于$2.0～2.5mS \cdot cm^{-1}$。若排液EC过高，生产上可以采用定期浇灌清水或低EC的肥液冲洗基质，或采用提高灌溉量的方式，降低排液EC。

第七章
蓝莓田间管护

一、棚内温度管控

蓝莓根系最适宜的生长温度是14～18℃。根系生长温度在16～38℃范围内，盆栽的南方高丛蓝莓和兔眼蓝莓的根系、地上部生物量与温度呈显著负相关。南方高丛蓝莓和兔眼蓝莓叶片可耐受45℃气温，但气温高于30℃时，叶片光合速率显著下降。因此，蓝莓基质栽培棚温控制的目的，在于营造适宜蓝莓生长的温度，进而促进蓝莓生长。

大棚降温的方法主要是通过开天窗，使用遮阳网等方法控制。部分安装了风机和水帘的大棚，也可用风机水帘系统进行降温，但在夏天持续时间长的地区，运用成本较高。此外，蓝莓基质栽培的种植盆暴露在地面，吸热升温速度快，可以使用白色塑料袋对种植盆进行包裹降温，也可利用白漆对阳光照射面进行涂刷，降低盆体的吸热量（图7-1，图7-2）。也可选择白色或棕色的种植盆替代黑色种植盆，以降低基质温度。灌溉上通过加大灌溉量，利用水温度低的特性，对基质进行降温。棚头棚尾也可铺设遮阳网，防止种植盆温被直晒升温过快（图7-3）。

对于冬季寒冷的北方产区，蓝莓存在休眠期，为打破休眠，需要尽快满足植株对低温需冷量的需求。进入秋季，在夜温达10℃以下时，晚上将日光温室的保温被揭开1/3，打开通风口，使冷空气进入温室内。清晨再将保温被完全覆盖温室，不透光，维

图7-1 盆体套白色塑料袋降温

图7-2 盆体刷白漆降温

持大棚内的低温，此操作可一直持续至白天气温也稳定在10℃以下。待低温累积时间满足蓝莓的需冷量后，温室开始升温进行生产，使温室内夜间温度在5℃以上，白天温度在22～30℃，以促进蓝莓萌芽、开花、坐果。

图7-3　遮阳网防止棚头种植盆被直晒

对于云南、广西和广东等蓝莓产区，基质栽培的蓝莓生长没有休眠期，叶片仍保持光合作用能力，从11月至翌年5月，植株会持续开花坐果。由于12月下旬至翌年1月上旬，该产区夜间温度可能低于0℃，为防止低温对蓝莓果实和花的危害，夜间需关闭棚膜。棚膜关闭可使棚内最低温提高2～5℃。若棚温不能维持高于0℃，生产上会通过在大棚内燃烧木炭或者天然气的方式增温（图7-4，图7-5）。由于燃烧木炭和天然气一般在深夜进行，人工成本大，近年来部分企业开始试验双层膜保温，但还未推广使用。

图7-4　加温用木炭盆

图7-5　大棚加温用燃气炉

二、棚内湿度管控

　　湿度对蓝莓生长发育影响很大。棚内湿度过低，会诱导蓝莓叶表面的气孔关闭，降低叶片光合效率，限制植株生长。此外，湿度很低的条件下，幼嫩的新叶可能会失水死亡。蓝莓花期空气湿度低，不仅会缩短花期，柱头表面还会失水而影响授粉效率，降低坐果率。为缓解棚内湿度过低，可通过加大灌溉量提升棚内湿度。

　　湿度过大则减弱蓝莓叶片蒸腾作用，限制植株水分和养分的吸收。此外，研究表明灰霉病孢子萌发需要空气湿度高于85%，低于80%孢子较难萌发，长时间的阴雨或春秋季上午棚内湿度过大，会诱发蓝莓灰霉病等病害的暴发，严重危害蓝莓产量。因此，避免棚内湿度过高成为控制病害暴发的重要措施。由于棚内湿度一般高于室外，生产上开棚通风换气是最简单有效的方法。此外，调整灌溉策略，降低浇灌量减少排液量，也是控制棚内空气湿度的重要方法。对于没有天沟的大棚，雨水会降入棚间的排水沟，并通过土壤扩散至种植区，生产上也可以在排水沟铺设地膜，避免土壤湿度大引起棚内湿度的增加（图7-6）。

图7-6　大棚天沟下方的防水布

三、枝条生长调控

　　基质栽培的蓝莓不同于地栽蓝莓，植株营养供应充足，枝条生长速度快，枝条量大，且大部分枝条均可开花坐果。因此，基质栽培的蓝莓枝条管理核心是促进枝条量的增加，并避免形成枝条过密而不通风透光的树形（图7-7，图7-8）。

图 7-7 内膛郁闭的树形

图 7-8 通风透光的树形

基质栽培的蓝莓枝条生长调控主要通过摘心和疏枝两种方法，以摘心为主。摘心需根据品种枝条萌发能力、伸长速率、开张性、花芽萌发特性、种植年限等，确定摘心策略，以确保结果枝数量和健壮度。下列为云南省红河地区基质栽培蓝莓不同品种的特性：

①'绿宝石'，生长势弱，分枝能力极强，抽长能力差，整枝均可分化花芽，开花早，因此该品种枝条生长至30～40cm时进行摘心。8月初停止摘心，任其自然生长。

②'比洛克西'，生长势极强，萌枝能力极强，抽长能力强，分枝能力强，枝条花芽量大，果实多为15mm以下。因此为促进果实膨大，该品种全年仅摘心一次，摘心枝条保留20～30cm，后任其自然生长以维持枝条粗壮度。

③'盛世'，生长势强，萌枝能力强，抽长能力强，自然分枝能力差，树体开张，枝条花芽量中等，花芽成花较晚。因此枝条生长至20～30cm时进行摘心，9月底停止摘心。

④'春高'，生长势强，萌枝能力强，抽长能力强，分枝能力较差，树体直立性强，为保障充足的枝条量，枝条生长至20cm左右即可摘心。

⑤'珠宝'，生长势强，分枝能力强，抽长能力差，枝条花芽量一般，可待枝条生长至20～30cm时进行摘心。该品种第一次摘心，枝条可萌生3～5个枝条，其中2个枝条较粗壮；第二次摘心，枝条萌发2～3个枝条；第三次摘心，枝条萌发1～2个枝条。该品种在8～9月茎基部易萌生大量粗壮的枝条，无需摘心，任其自然生长，该类枝条挂果量极大，果径也大。

⑥'天后'，生长势强，萌枝能力强，抽长能力强，树体开张，枝条花芽量大，可在枝条20～30cm时进行摘心，第一次摘心可促使枝条萌发产生2～3个枝条；第二次摘心，萌发2～3个枝条；第三次摘心，萌发1～2个枝条。该品种开花早，8月下旬需停止摘心。

⑦ '优瑞卡'，生长势强，萌枝能力强，抽长能力极强，树体较开张，枝条花芽量中等，可在枝条20～30cm进行摘心，第一次摘心可促使枝条萌发产生2～3个枝条；第二次摘心，萌发2～3个枝条；第三次和第四次摘心，各萌发1～2个枝条。

大部分的蓝莓品种在基部均会萌发细弱枝，这些细弱枝虽能开花坐果，但果实成熟晚，品质较差。因此，若这些枝条影响树体下部通风透光，宜在营养生长后期去除。

四、授粉蜂的管控

蓝莓花开口小且朝下，靠风媒或靠体形较大的昆虫授粉难度大，效果差。利用蜜蜂、熊蜂等昆虫对树体授粉，能显著提升蓝莓产量和品质，尤其是对于自花授粉结实率低，花量大的蓝莓品种。

（一）蜜蜂

意大利蜜蜂是生产上应用最广泛的蜂种。意蜂采集蓝莓花蜜时，头部探进花冠内，将喙深入花管中吸食花蜜，身体的绒毛黏附大量的花粉，并完成柱头的授粉。生产上，意蜂在蓝莓5%～10%的花开放时引入，直至所有花冠掉落撤出栽培区。蜂箱分开摆放，间距不高于300m，均匀分布摆放在园区。蜂箱放置于干燥的位置，置于高出地面20～30cm处。对于南北走向的大棚，蜂箱可置于大棚中部靠西侧，巢门向东。对于东西向的大棚，蜂箱可置于距西侧1/5处靠北的位置，巢门也向东为宜。蜂箱放置后，可放置30min以上再打开巢门，以促进蜜蜂熟悉生活环境。蜂箱附近放置装满水的浅盘，满足蜜蜂对水的需求。蜜蜂出巢工作温度为15℃以上，高于35℃对意蜂授粉和生活造成较大影响，可在蜂箱上方放置遮阳网降低箱内温度，或在温度持续高于30℃的情况下，将蜂箱置于棚外，出巢口面向棚内。授粉期间，避免施用内吸性或长效性的农药，以防蜂群中毒。若必须施药，则应在施药前将蜂箱移至室外避光处，且保持温度在15℃左右。施药后棚内充分通风换气，将有毒气体排净，至少3天后才能安排蜂群入室。

（二）熊蜂

熊蜂，喙长，飞行距离远，携带花粉量大，以高频振动方式授粉，效率高。环境适应能力强，耐低温，工作起始温度为8℃，阴雨天仍可正常授粉，趋光性差，较少出现撞棚而死的情况，是极好的蓝莓授粉蜂，在蓝莓基质栽培体系中被广泛使用。

蓝莓花开5%～10%时引入熊蜂，初期4亩/箱，盛花期增至1.5～2亩/箱。蜂箱一般置于温室内中部，若连栋温室面积极大，则均匀地置于温室。蜂箱放在蓝莓垄间，高于地面30cm左右，避免阳光直射，巢门朝南，确保无阻挡物遮挡巢门。蜂箱进入后，静置1h以上，再打开巢门。正常情况下，一箱熊蜂可以工作50天左右，工作期间需定期关注蜂箱内的糖水壶水位，待水位不足1/5时，利用白糖和水参照重量比1：1配制糖水，进行补充。熊蜂授粉期间，避免施用高毒和内吸性的农药，若需施用，则需将蜂箱移至室外，且尽量选择残留期1天左右的农药，以降低农药的毒害（图7-9）。

五、采后修剪

（一）修剪器具

蓝莓修剪的器具根据驱动力可以分为手动修枝剪、电动修枝剪和气动修枝剪。手动枝剪操作灵活，价格低，使用不受环境的影响，但是对操作者的力量有所要求，长时间修剪人体易疲劳，修剪效率下降。电动修枝剪（图7-10）以电力为动力，修剪效率较手动枝剪高2～3倍，剪口平整度也优于手动修枝剪，轻松省力，但是续航时间取决于电池电量，操作不当情况下危险性较大。

图7-9　熊蜂垫高放置于树下方

气动修枝剪动力源为汽油机和压缩气泵，通过气流来驱动修剪，省力轻便，修剪效率较手动修枝剪提高2～3倍，续航能力强，但能耗相对较高，移动不便，国内蓝莓园较少使用。

图7-10　电动修枝剪

（二）修剪时期

在云南、广西等常绿栽培产区，蓝莓全年生长，没有休眠，生长周期长，一般在5月上中旬开始平茬修剪。修剪时，树上仍大量挂果，但是为确保来年产量不受影响，使树体有足够的营养生长时间，修剪结束应不晚于6月初。

对于蓝莓生长存在休眠的产区，蓝莓营养生长周期较短，可在采收结束后立即进行修剪，修剪时间不晚于7月。对于枝条生长量大，且树体郁闭的，也可在休眠期进行第二次修剪。

（三）修剪方式

　　云南、广西等常绿栽培产区的平茬修剪（图7-11，图7-12），修剪前全园进行病害防控，修剪时保留7～11个枝条，保留的枝条以1～3年生、粗壮的较佳，枝条保留长度为30～50cm，尽量减少剪口，剪口需平整光滑。修剪后，应及时将园区的枝条和落果清除，并施用石硫合剂清园。

图7-11　蓝莓平茬修剪

图7-12　平茬修枝后的蓝莓

对于非常绿栽培的产区，可采用地栽蓝莓的修剪方法，修剪目的为改善树体通风透光性，改善蓝莓品质，降低病害发病率。种植第一年，主要去除所有细弱枝，下垂枝条（挂果会接触到地面的枝条），并剪除受伤和病死枝。对于旺盛生长的枝条，将其修剪至树冠高度。挂果后，保留基部5～6个主干枝，去除老弱枝、内部交叉枝。去除树体内部过密枝、细弱枝、受伤枝、病害枝。去除挂果时离地50cm以内的枝条，保持树冠下部通风。

第八章
蓝莓常见病虫害的防治

随着我国蓝莓产业的发展，病虫害对产业的影响也逐年加重。病虫害不仅影响蓝莓的生长发育，且严重危害果实产量和品质，导致巨大的经济损失。基质栽培蓝莓园，为害较为严重的蓝莓病虫害主要包括：灰霉病、枝枯病、叶斑病、根腐病、食叶类刺蛾、卷叶蛾、金龟子成虫及幼虫（蛴螬）、斑翅果蝇、蚜虫、蓟马、介壳虫。

蓝莓病虫害防治应遵循"预防为主，综合防治"的植保方针，坚持以农业防治、物理防治和生物防治为主，合理使用化学防治的原则。

一、常见虫害及其防治

（一）食叶类刺蛾

食叶类刺蛾属鳞翅目，刺蛾科。俗称洋辣子、痒辣子等。其种类包括青刺蛾、黄刺蛾和绿刺蛾等。

1. 形态特征

成虫头胸背面和前翅呈青绿色，或黄色，体长14～16mm。幼虫呈黄绿色，背部有两排刺毛，体长约25mm（图8-1）。蛹呈椭圆形，黄褐色。虫茧呈栗棕色。卵扁平，圆形，暗黄色。

2. 发生规律

一年发生1～3代，以老熟幼虫结茧越冬。成虫在5～6月份开始羽化，在蓝莓叶片背面产卵。幼虫在二龄取食叶片，先群聚为害，后分散为害，6～8月份为幼虫为害严重时期。

图8-1 食叶类刺蛾幼虫

3. 为害症状

二龄幼虫取食叶片下表皮和叶肉，导致叶片呈不规则的黄色斑块。四、五龄幼虫取食叶片，形成空洞或缺刻，为害严重时幼虫将叶片吃光。

4. 防治方法

成虫发生期，合理利用振频式杀虫灯诱捕成虫。幼虫聚集为害期，修剪摘除枝条上的虫叶，带出园区烧毁。幼虫大面积发生期，可选用1.2%烟碱·苦参碱乳油1000倍液，或1.8%阿维菌素乳油2000倍液，25%灭幼脲3号悬浮剂1500～2000倍液喷施防治。

（二）卷叶蛾

卷叶蛾俗称卷叶虫，属鳞翅目，卷叶蛾科。卷叶蛾种类较多，主要包括：顶梢卷叶蛾、苹小卷叶蛾、黄斑蛾等。

1. 形态特征

成虫体黄褐色，体长6～10mm。卵呈椭圆形，淡黄色，数十粒排列呈鱼鳞状。幼虫的头、前胸背板、胸足呈黄白色，全体呈淡黄绿色，体长13～22mm。蛹为椭圆形，黄褐色，9～11mm。

2. 发生规律

一年发生3～4代，以幼虫结白色虫茧越冬。3月中旬羽化，卵于3月中下旬孵化，4～6月份为幼虫为害严重时期，为害花、叶及幼果，常将幼嫩叶片纵卷，躲藏在其中取食（图8-2）。10月中下旬幼虫陆续做茧越冬。成虫有趋光性，喜食糖醋液。

图8-2　卷叶蛾为害症状

3. 为害症状

卷叶蛾以幼虫吐丝将叶片、花或幼果缀合成一起，使叶片表皮呈网孔状或缺刻，果面呈坑洼状，影响蓝莓植株生长发育。

4. 防治方法

清园时应将枯叶、落果清除干净，剪除卷叶，并带出园区集中烧毁。利用成虫的趋光性和趋化性，在园区布置杀虫灯和糖醋瓶诱捕成虫。防治小卷叶蛾幼虫，可选用5%高效氯氰菊酯乳油1500～2000倍液，或12%甲维·虫螨腈悬浮剂800～1500倍液，或2.5%溴氰菊酯乳油2000～3000倍液，或25%灭幼脲3号悬浮剂1500～2000倍液进行喷施防治。7～10天喷施一次，连喷1～2次。

（三）金龟子成虫及幼虫（蛴螬）

金龟子属鞘翅目，金龟总科。金龟子成虫俗称金壳虫、栗子虫等，幼虫统称蛴螬，俗称土蚕、地蚕等。主要包括铜绿金龟子、黑绒金龟子等。金龟子成虫啃食叶片、花和果实，幼虫在地下为害苗木根部，造成植株枯黄甚至死亡。

1. 形态特征

成虫体长10～25mm，背面呈铜绿色、黑褐色，背翅坚硬，鞘翅上有3～4条纵脊，体腹面黄褐色。卵呈椭圆形，乳白色。幼虫乳白色，体长约25mm，多数时间呈卷曲状，体背有横纹，尾部有刺毛。蛹呈淡黄色，长卵圆形。

2. 发生规律

一年1代，以幼虫于土中越冬，主要为害植株根部（幼虫）和叶片、花、果实（成虫）。4～5月幼虫为害严重，5月上旬在土中化蛹，5月下旬至7月中旬是成虫为害期。成虫夜间活动，具有较强的趋光性和假死性，平均寿命1个月，产卵于基质中，卵期7～10天。卵孵化后蛴螬在基质表面取食，长大后向基质更深处移动。

3. 为害症状

幼虫主要为害苗木根部幼嫩表皮，造成植株死亡。成虫为害蓝莓叶片，造成叶片缺刻或孔洞，仅留叶脉（图8-3）。

图8-3　金龟子及幼虫为害症状

4. 防治方法

成虫发生期，利用其趋光性，在园区外围布置诱虫灯诱捕成虫。防治蛴螬，可选用50%辛硫磷乳油1000倍液，或80%敌百虫可湿性粉剂800倍液灌根，每株灌250～500mL。

（四）斑翅果蝇

斑翅果蝇属双翅目，果蝇科，又称铃木氏果蝇。主要为害樱桃、桃、草莓、葡萄、树莓和蓝莓等果皮较软的果树，产卵于果实内，幼虫取食果实，造成果园严重经济损失。

1. 形态特征

成虫体长2.5～3.4mm，体色呈黄褐色或红棕色。雄虫体形较小，膜翅脉端具有黑斑，雌虫无此特征。腹节背面有黑色条带，腹末为黑色环纹。雌虫产卵器呈黑色，突起的锯齿状。翅透明，脉纹为黑褐色（图8-4）。卵为乳白色，一端较细，另一端略钝。幼虫体长3～4mm，乳白色，圆锥状。蛹呈椭圆形，红棕色，末端有刺尖，两端有气门。

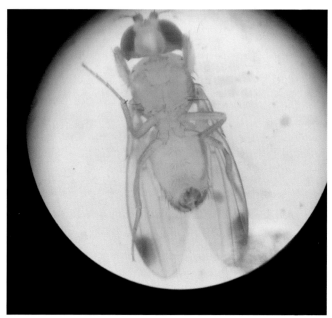

图8-4　斑翅果蝇形态

2.发生规律

斑翅果蝇一年发生3～10代，在常年日均温15℃以上的地区可整年活动，以蛹或成虫越冬。成虫生命周期为30天左右，可产卵100～600粒。温度达到25℃时，雌虫产卵量最多。幼虫在果实内孵化，老熟幼虫可在地下5～10cm土层中化蛹。可随果实、包装物或苗木传播。

3. 为害症状

雌虫可刺破果皮，将卵器刺入果实内，造成产卵孔周围的果皮出现褪色斑，并出现塌陷。幼虫在果实内取食果浆，造成果实腐烂，可引起真菌、细菌的二次侵染，加速果实腐烂脱落（图8-5）。

图8-5　斑翅果蝇为害果实症状

4. 防治方法

在成虫发生期或蓝莓坐果后，每亩悬挂5～8个糖醋液装置诱捕果蝇，高度以1.5m为宜，每20～30天补充一次引诱剂。也可利用黄蓝板防治果蝇，每亩悬挂15～20张，悬挂高度以1～1.5m为宜，每30～45天更换1次。每周诱捕果蝇数量超过40只，在不产生农药残留和不危害蜜蜂的情况下，可用敌百虫1000～2000倍稀释液，或乙基多杀菌素1000～1500倍稀释液喷施树冠和地面，减少园内虫口基数。在蓝莓产季结束后，要及时清扫落叶落果，带出园区集中销毁，并再次用杀虫剂喷施清园。

（五）蚜虫

蚜虫属半翅目，蚜总科，又称腻虫或蜜虫。主要为害蓝莓、柑橘、苹果、桃等果树。蚜虫分泌的蜜露，覆盖叶片表面，影响叶片的正常呼吸和光合作用。这种分泌物也是多种真菌病害滋生的温床，是蓝莓果园病害暴发的原因之一。为害蓝莓的蚜虫主要为桃蚜和绣线菊蚜。

1. 形态特征

蚜虫体长为2～5mm，呈半透明状，多数为绿色，是多态昆虫。触角4～6节，腹部大于头部和胸部之和。有翅蚜个体具有2对翅，前翅相较于后翅略大。前翅近前缘处有一条粗脉，顶端有翅痣。

2. 发生规律

蚜虫的生殖方式较独特，既可进行有性生殖，又可进行孤雌生殖。在合适条件下一年发生10～30代，世代重叠现象突出。以卵在枝条缝隙越冬，春季温度达到15℃以上开始孵化为干母，孤雌繁殖20余代。秋末交配后产卵越冬。其中在夏季气温高的条件下大量繁殖，完成1个世代仅需4～5天，为害严重。

3. 为害症状

主要为害植株叶片、嫩梢。以吸食其汁液为生，造成果树新梢生长受阻，嫩叶卷曲甚至落花、落果。蚜虫可在叶表面分泌蜜露，影响叶片光合作用。除此之外，蚜虫还传播多种病毒病，使叶片白化，卷曲（图8-6）。

图8-6　蚜虫及为害嫩梢症状

4. 防治方法

日常田间发现少量蚜虫时，可剪除被害嫩梢、叶片，带出园区集中销毁。采摘期结束后，应及时清园，减少越冬虫口数量。化学防治蚜虫可选用1.2%烟碱·苦参碱乳油800～1000倍液，7～10天喷施一次，连喷1～2次。

（六）蓟马

蓟马属缨翅目，蓟马科。以成虫、若虫为害蓝莓的花、嫩叶和新梢等幼嫩组织。

1. 形态特征

成虫体长约1mm，褐色或黄色。口器为锉吸式，触角约8节。前翅狭长，边缘有缘毛，有1条纵脉。雌虫腹部末端呈圆锥形，有锯齿状产卵器。假蛹呈淡黄色。卵极小，呈肾脏形。

2. 发生规律

蓟马一年四季均有发生。一年可发生10～17代，世代重叠，终年繁殖。每年有2个为害高峰期，即3月上旬到5月中旬，9月上旬至10月下旬，在秋季为害严重。成虫活跃，白天在叶荫或叶背面为害，夜间到叶面上活动为害。雌虫以孤雌生殖为主，卵散于嫩叶、花基部等组织中，每次产卵约30粒。若虫在嫩叶吸食汁液，20天后形成假蛹，落入表土或落叶中。雌虫寿命约10天，完成一世代为2～3周。

3. 为害症状

蓟马以锉吸式口器取食蓝莓嫩叶、花和嫩梢等幼嫩组织汁液。蓟马为害嫩叶后，使叶脉两侧形成灰褐色条斑，叶片变硬后卷曲，生长势减弱。嫩梢变硬，扭曲枯萎。为害花后，出现褐色条斑，影响正常开花授粉（图8-7）。

图8-7　蓟马及为害花、叶症状

4. 防治方法

防治蓟马需加强田间管理，去除杂草和落叶枯枝，并集中销毁，有利于减少蓝莓园区越冬的成虫和幼虫基数。同时利用蓟马的趋光性，在田间布置黄蓝粘板，诱杀成虫。化学防治蓟马可选用乙基多杀菌素1500～2000倍液，或虫螨腈1500～3000倍液，或溴氰虫酰胺1500～2000倍液，或乙基多杀菌素＋氟啶虫胺腈4000倍液。交替轮换使用，15～30天喷施一次，连喷1～2次。

（七）介壳虫

介壳虫属同翅目，蚧总科。介壳虫种类繁多，按照体表分泌物类型大致分为球蚧类、棉蚧类、盾蚧类和粉蚧类等，其中粉蚧是蓝莓生产中最为常见的虫害。

1. 形态特征

雄成虫略呈长纺锤形，体壁表面有粉状蜡质分泌物。体长约0.7mm，翅展1.3mm。壳点位于端首，呈橘红色，其余部分被蜡质包裹，呈白色。雌成虫介壳呈圆形，中间隆起，直径约2mm。体表有粉状蜡质分泌物，呈白色。触角退化成瘤状，有2条刚毛。有15个前气门腺，排列成半月形。卵呈椭圆形，长约0.2mm，淡黄色或橘红色。幼虫呈扁卵圆形，体长0.3mm，黄褐色。触角有5节，腹部末端有2根尾毛。体表有棉絮状分泌物。

2. 发生规律

介壳虫体小，但繁殖能力强，一年发生1～4代。雌成虫可爬到枝干表皮裂缝、土壤基质或杂草中产卵，以卵囊的形式在土壤、杂草中越冬。第二年春天，越冬卵孵化为幼虫，群集至蓝莓茎秆基部吸食汁液。从5月份开始，每1～2个月繁殖一代，为害严重。10月份雌成虫开始产卵越冬。

3. 为害症状

雌成虫和幼虫以群聚形式为害蓝莓茎秆、枝条（图8-8）。幼虫孵化后，爬行至合适位置，将口器刺入植株体内，吸食汁液。大量的幼虫在枝条或根基部固定生活后，导致植物吸收营养和水分能力下降，树势衰退，枝条出现萎蔫、干枯落叶。同时介壳虫排出的蜜露，会成为滋生其他病害的有利条件。当然除为害蓝莓树体，生产上也偶见成虫爬行至果实顶部，降低果实的销售价值（图8-9）。

图8-8　介壳虫及为害植株根基部症状

图8-9　介壳虫为害蓝莓果实

4. 防治方法

蓝莓园区应加强田间管理，及时发现及时处理。化学防治介壳虫可选用480g·L⁻¹毒死蜱乳油800～1500倍液，或350g·L⁻¹吡虫啉悬浮剂1000～1500倍液，或5%啶虫脒+35%毒死蜱1500倍液，上述杀虫剂使用时可添加矿物油或有机硅等助剂，提高药效。7～15天喷施一次，连喷1～2次。

二、常见病害及其防治

（一）灰霉病

蓝莓灰霉病的病原菌是灰葡萄孢，作为蓝莓生产中常见的真菌性病害，在露地栽培和设施栽培中均可发生。主要为害蓝莓的花、果实及嫩梢等组织，严重时可造成大量花、果停止发育，给生产造成巨大经济损失。

1. 发病症状

蓝莓的嫩梢、花和果实均可被灰葡萄孢菌侵染。被侵染的蓝莓花器腐烂，呈褐色，并在表面出现一层灰色霉状物。侵染果实后，侵染部位会出现淡褐色的凹陷，随后整个果实腐烂，果实表面出现灰色霉状物。侵染嫩梢后，初期会出现褐色水侵状，随后嫩梢枯死，呈褐色，潮湿环境下干枯嫩梢表层有灰色霉状物（图8-10）。

图8-10　灰霉病为害蓝莓花、果实的发病症状

2. 发病规律

病菌以菌核在土壤或病害组织上越冬。气温在20～30℃，湿度在90%以上为最适生长环境，但低温高湿的季节仍是该病暴发的高峰期。同时连续阴雨天气，有利于灰霉病的发生及蔓延。在我国北方的蓝莓露地栽培产区，3～5月份容易暴发该病害。在我国南方产区，4～5月份易暴发病害。而在云南和广西等设施栽培

产区，12月至翌年3月份该病暴发风险大。

3. 防治方法

定植初期，合理的株行距可以增加植株的通风透光性，是预防和减轻灰霉病发生的先决条件。设施栽培条件下，根据天气情况调控灌溉频率且适时通风，减少棚内湿度，可预防灰霉病的发生。田间管理过程中，需及时清除病花、病果及发病嫩梢，并带出园区集中销毁，减少病菌侵染源。

防治灰霉病，可选用30%吡唑醚菌酯悬浮剂1000 ～ 2000倍液，或42.4%吡唑醚菌酯+氟唑菌酰胺悬浮剂1000 ～ 2000倍液，或38%啶酰菌胺+吡唑醚菌酯悬浮剂1000 ～ 2000倍液，或43%腐霉利800倍液，选择其中1种进行喷施，间隔期为12 ～ 15天，连续喷施1 ～ 3次。

（二）枝枯病

蓝莓枝枯病主要是由葡萄座腔菌、拟盘多毛孢等真菌引起的真菌性病害，主要为害蓝莓枝条生长并导致植株枯萎死亡，严重影响蓝莓产量，给蓝莓园造成重大经济损失。

1. 发病症状

枝枯病主要为害蓝莓枝条。发病初期，枝条上形成深褐色病斑，叶片正常。随着病害的发展，病斑发生扩展至整个枝条，叶片出现萎蔫现象。发病末期，整根枝条和叶片干枯死亡，严重时出现整株死亡（图8-11）。剪开枝条发病部位，可发现木质部发生褐化，并向两侧扩展（图8-12）。

2. 发病规律

该病的病原菌种类较多，多数以分生孢子的形式在受侵染残枝中越冬，成为初侵染来源。由于该类病菌喜高温高湿的环境，因此在夏季枝枯病暴发较为严重，在我国基质栽培蓝莓南方产区，一年四季均可发生。

图8-11 蓝莓枝枯病发病症状

图8-12 被病菌侵染褐化的木质部

3. 防治方法

蓝莓园区发现病害枝条后应及时剪除并清理出园，集中销毁处理。若发病部位在植株根基部位，应整株清理。化学防治枝枯病，可选用80%噁霉灵水剂300～600倍液，或50%咯菌腈可湿性粉剂2000倍液，或50%啶酰菌胺水分散粒剂800倍液等进行灌根，每株200～500mL。

（三）叶斑病

蓝莓叶斑病是由真菌侵染引起的常见病害，多发生在春、秋两季。病菌为害蓝莓叶片，主要影响植株光合作用，造成树势偏弱，严重时影响花芽分化，降低来年产量和果实品质。

1. 发病症状

主要为害蓝莓叶片，成熟叶片发生病害较为严重。发病初期在叶片表面呈细小坏疽斑点，随后面积扩大。病斑会出现黑色小点，周围叶片组织呈红褐色。同一叶片上通常有数个病斑，可相连形成一个不规则的大病斑，后期病斑处容易形成穿孔（图8-13）。

2. 发病规律

叶斑病病原菌通常在植物病残叶片中越冬，也是该病发生的侵染源。病菌一般靠风雨、昆虫传播。叶斑病的流行通常发生在春秋两季，雨量大、降雨频率高且温度适宜。通常种植密度过高、通风透光度差、湿度大会是病害发生的有利条件。

3. 防治方法

蓝莓园区出现叶斑病害后，应及时除去发病叶片，带出园区集中烧毁。基质栽培条件下，在雨天可适当减少灌溉水肥量，减少棚内湿度。防治叶斑病，可选用14%络氨铜水剂150～300倍液，或77%氢氧化铜可湿性粉剂300～500倍液，或60%百菌通（琥铜·乙膦铝）可湿性粉剂300倍液喷雾防治。

图8-13 蓝莓叶斑病发病症状

（四）根腐病

蓝莓根腐病是一种典型的由真菌引起的土传病害，主要为害蓝莓幼苗或抗性较差的成年植株。导致该病发生的主要原因是：土壤或基质中水分含量高，且排水性差；根部有虫害伤口或机械损伤。根系周围积水，氧气含量少，根部不能进行正常呼吸从而影响养分吸收，造成植株抗性减弱。同时高湿的根部环境会诱发病原菌迅速繁殖，从而增加侵染植株根部的概率。

1. 发病症状

主要为害植株根部，尤其以幼苗为重。发病初期，蓝莓新生根呈黑褐色，随后蔓延至整个根系，并出现腐烂症状。发病初期，植株地上部分的新叶先出现叶片发黄、萎蔫等失水性症状，随后整株叶片发黄枯萎，最终整株死亡（图8-14）。

图8-14　蓝莓根腐病发病症状

2. 发病规律

根腐病病原菌通常是通过根部伤口侵染植株，导致植株根部腐烂，从而影响水分及养分的吸收。病原菌通常以分生孢子或菌丝体的形式在植物或土壤（基质）上越冬，成为次年的侵染源。

该病的暴发与气候条件相关，一般在25℃生长最快，3～5月份开始发病，雨后高温为害严重。

3. 防治方法

幼苗移栽后及开花期及时进行灌根。当蓝莓园区出现根腐病害植株，应及时清理病株及死亡植株，并对土壤或栽培基质进行熏蒸处理。化学防治根腐病，可选用25%嘧菌酯悬浮剂1500倍液，或250g·L⁻¹吡唑醚菌酯悬浮剂1000～2000倍液等药剂进行灌根，每株灌200～500mL。

三、鸟害为害及其防治

蓝莓果实成熟后呈蓝紫色，口感甜美，为各种鸟类所喜爱，因此在成熟期的蓝莓受到的鸟类为害较重，产量会损失较大。通常鸟类将蓝莓果实啄破后取食果肉，造成大量成熟果实落地，部分被啄果实继续挂在树体上（图8-15）。鸟类啄食后的果实伤口容

图8-15 鸟类对蓝莓果实的为害

易感染病菌，并可侵染周围的健康果实和叶片，造成病害暴发。同时，鸟类取食蓝莓，可造成树体枝条损伤甚至折断。因此，须采取合适的防治措施减少鸟类为害。

鸟类为害的防治措施：

（1）防鸟网：对于设施栽培蓝莓园，可以在大棚通风口设置40～60目的防虫网，既可以防虫、防鸟，又有利于大棚的通风换气。对于面积较小的露天蓝莓园，可以提前搭建防鸟网（孔径2～3cm），采摘期过后撤去即可（图8-16）。

图8-16　防鸟网

（2）驱鸟器：可将驱鸟器放置在蓝莓果园周边，利用虚拟的鹰叫等声音对鸟类起到驱赶作用（图8-17）。

图8-17　驱鸟器

四、施药器具

蓝莓园区的施药器具是控制蓝莓病虫害的重要农业工具，施药器具的选择直接影响病虫害的防治效果和蓝莓种植的经济效益，因此必须针对不同的病虫害及暴发程度选择合适的施药器具。农业施药器具种类繁多。按照施药范围和操作方式可以分为：背负式电动喷雾器、车载弥雾机、遥控式喷雾车。

（一）背负式电动喷雾器

背负式电动喷雾器采用工程塑料制造，具有重量轻、操作简单、喷头可换、工作效率高、雾化效果好等特点。该喷雾器的容量在20L左右，充一次电可连续使用4小时左右。可用于蓝莓园区小范围病虫害发生时使用（图8-18）。使用时，根据树体大小及喷施范围选择单喷头或是双喷头。在喷施农药时必须戴手套和口罩，避免农药接触皮肤。施药结束后，应用清水反复清洗药桶，并通过喷施动作清洗喷雾器软管和喷头，最后将喷雾器置于阴凉、通风处存放。

图8-18　背负式电动喷雾器

（二）车载弥雾机

车载弥雾机由汽油发动机、高压管、药桶和运输车组成，具有移动方便、覆盖面宽、雾化效果好等特点。该喷雾机的药桶容量在100～500L之间，用于设施栽培蓝莓园区棚内大面积消杀，可根据不同喷施范围选择不同的喷头（图8-19）。弥雾机在施药结束后，应该及时使用低浓度的肥皂水清洗药桶和管道。反复清洗两次后，再用清水清洗一次。根据机器要求，定期更换空气过滤网，保养各部位零件。

图8-19　车载弥雾机

（三）遥控式喷雾车

遥控式喷雾车主要由喷雾机、发电机组、水箱等主要部分组成，利用高速运转的离心式风机产生高压气流，将药液雾化后喷施向目标。具有功效高、风力强大、射程远、雾化效果好、覆盖面宽等特点，适用于蓝莓果园大面积快速消杀工作（图8-20）。

图 8-20　遥控式喷雾车

第九章
蓝莓果实采收

一、采收时期

　　蓝莓果实成熟最显著的特征是果皮的着色程度。蓝莓果实在开花2～3个月后成熟，随着果实发育成熟，果皮从受光面开始出现变色，最终整个果实颜色全部发生变化。果皮最初呈绿色，随后绿色逐渐变浅，接着果皮颜色变成浅红色，最终在成熟期转变为蓝紫色，果皮表面会形成一层薄薄的果粉（图9-1）。根据蓝莓

图9-1　成熟的蓝莓果实

成熟物候期调查结果，果实在转变成蓝色后3～6天可达到完全成熟。在此过程中，蓝莓果实体积逐渐增大，果实中的花青素、可溶性固形物等物质的含量急剧增加，含酸量减少，同时果实散发出特有的香气。蓝莓果实过熟后，上述物质的含量又会逐渐下降，同时果实硬度下降并出现落果。因此，可以根据果实颜色和口感来确定蓝莓的采收时期。

二、采收方法

根据蓝莓种植园的种植方式和栽培品种的搭配，蓝莓果实的采摘期通常可以维持2～4个月。果实的成熟受结果枝在树冠中的位置及果实在花序中的位置等因素影响。通常，粗壮的基生枝条上的果实较大，成熟也较早；细弱枝条上的果实成熟较晚，且果实较小（图9-2）。同一个花序中，上部的果实较下部的果实先成熟（图9-3）。

图9-2　不同结果枝的蓝莓果实成熟情况

图9-3 同一结果枝的蓝莓果实成熟情况

由于蓝莓果实成熟期不一致且不耐运输，且基质栽培蓝莓主要面向鲜果市场，因此，基质栽培的蓝莓果实采收主要靠人工进行分期采摘。一般在盛果期，每2～3天采收1次，整个采收期须采收20～25次。在果实采摘之前需进行手部消毒清洗，保障果实的卫生。每次采收时，采果工每2人一组，分别负责一列种植行的采摘。将采果桶背于腰后，防止枯花落入采果桶中。果实采摘时，观看果实是否完全成熟，成熟果采下轻放入桶内。采摘过程中应严格遵照果实成熟度控制标准，尽量避免混入未完全成熟的果实

（图9-4）。采摘树体内部的果实时，注意避让外围果实，防止碰落果实。当采摘桶装满之后，及时送至分拣台包装处理（图9-5）。

蓝莓成熟度图片

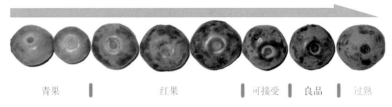

青果 　　　　红果 　　可接受　良品　过熟

图9-4　蓝莓成熟度标准示意图

图9-5　蓝莓采摘过程

在蓝莓果实采收期，每次采摘必须将适度成熟的果实全部采收干净，以避免果实过度成熟而引起腐烂或落果，造成经济损失。采收时间应尽量避开中午高温时段和下雨天（露天栽培），因为高温暴晒后的果实和带雨水的果实在包装后都容易腐烂，影响商品果价值。由于蓝莓果实皮薄多汁，硬度较低，因此在采摘过程中应注意轻摘、轻放，避免造成果实的机械损伤。采摘过程中碰到的病果和畸形果应单独放置并带出园区集中处理，避免导致病害传播和果蝇滋生。

三、果实分级与包装

为了提高鲜食蓝莓商品果的质量和经济价值，蓝莓果实在采收后或在采收过程中可进行分级。选用合适的分级板（图9-6），依据果径大小对蓝莓果实进行分级，可分为特级果（果径≥22mm）、一级果（果径18～21mm）、二级果（果径15～17mm）、三级果（果径12～14mm）和散果（果径<12mm）。合格的鲜食蓝莓商品果在包装前应该进行果实分拣工作，要求果形正常、果粉覆盖率高、果面干净，无畸形果、腐烂果、表皮损伤果等缺陷果实。

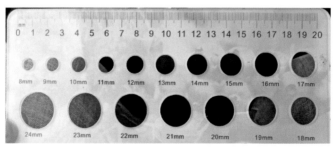

图9-6　蓝莓果实分级板

采用合理的包装，不仅可以避免蓝莓鲜果受到外界的机械损伤、保持果实品质，而且还可以提高运输、贮藏的效率，延长商品果的货架期。目前，蓝莓鲜果的包装主要为聚对苯二甲酸乙二酯（PET）材质的塑料盒，规格主要包括125g、500g、2.5kg和5kg。鲜果进行包装后，继续选取合适的材料进行外包装，方便蓝莓鲜果预冷以及长距离运输。目前，蓝莓鲜果主要的外包装有PET透明塑料盒、冷链纸箱和普通纸箱（图9-7）。其中，125g的PET塑料盒和冷链纸箱是蓝莓商品果在市场流通的主要包装组合，每个冷链纸箱可以装1.5kg蓝莓鲜果。包装完成后，可以进行堆叠放置。外包装盒上预留的孔洞方便对蓝莓鲜果进行负压预冷处理（图9-8）。

图9-7　蓝莓鲜果包装盒

图9-8 蓝莓商品果市场流通的主要包装形式

四、果实预冷及保存

　　蓝莓鲜果在采收后会有呼吸作用，果实温度随之增加，水分减少，果实变软，从而导致果实新鲜度降低。因此，蓝莓鲜果在包装后需立即进行预冷处理，以减缓果实的自身代谢，延长蓝莓鲜果的货架期。

　　研究表明，果实采收后立即冷却到2℃可以最大限度地减少采后呼吸作用并提高贮藏及货架期。目前，蓝莓鲜果的预冷方法主要包括自然通风冷却和负压强制冷却。自然通风冷却是将蓝莓鲜果平铺于塑料采收筐内，利用工业风扇将果实温度降低。该方法需要的设施简单、操作方便，但预冷效率较低，适合于面积较小的蓝莓种植园。负压强制冷却是将包装好的蓝莓鲜果堆叠打包，随后置于预冷间出风口，通过出风口的负压抽力，强制房间内的冷空气穿过果实间隙，以尽快降低果实温度。该方法可以对蓝莓鲜果进行高效预冷，但需要专业预冷库且成本较高（图9-9）。另外还有一种简易的负压强制预冷方法是利用工业风扇制造负压（图9-10），码垛好的两个蓝莓货架两侧整齐摆放，两托蓝莓间的过道上方和后方用防风油布完全封闭，前方放置与过道等宽的落地风扇，风扇与过道的空隙也用不通风油布密封，风扇朝外吹风，使过道中间形成负压，从而强制外部的冷空气穿过蓝莓，达到快速降温的目的。

自然通风冷却 负压强制冷却

图9-9 两种蓝莓鲜果预冷方式

冷却后的蓝莓鲜果出库之前，应该置于温度在 $0 \sim 2℃$，相对空气湿度在 $80\% \sim 90\%$ 的冷库中保存（图9-11）。在此条件下，可最大限度保证蓝莓鲜果的品质，减少果实水分散失，贮藏 $2 \sim 3$ 周仍能保持蓝莓果实新鲜度。

图9-10 简易的负压强制冷却系统（Henry Sunda 拍摄）

图9-11 蓝莓鲜果冷藏保存

参考文献

顾姻，贺善安，2001.蓝浆果与蔓越桔[M].北京: 中国农业出版社.

李琪，於虹，王支虎，等，2017.醋糟对土壤改良及兔眼蓝浆果幼苗生长的影响[J].植物资源与环境学报，26(4): 25-31.

李亚东，孙海悦,陈丽，2016.我国蓝莓产业发展报告[J].中国果树，(5) : 1-10.

李亚东，裴嘉博，陈丽，等，2021.2020中国蓝莓产业年度报告[J].吉林农业大学学报，43(1): 1-8.

李亚东，盖禹含，王芳，等，2022. 2021 年全球蓝莓产业数据报告[J]. 吉林农业大学学报，44(1):1-12.

汪春芬，韦继光，於虹，等，2019. 控释肥施用量对兔眼蓝浆果叶片和栽培基质渗出液中养分含量及植株生长的影响[J].植物资源与环境学报，28(2):79-87.

韦继光，曾其龙，姜燕琴，等，2022.南高丛蓝莓品种蓝美1号的光合特性研究[J].中国果树，(1):62-67.

严云，房巍慧,周哲丹，2019.不同基质对温室蓝莓生长发育的影响[J].浙江农业科学，60(9):1544-1546.

叶伟，刘凉琴，史学正，等，2020.基质中添加多孔改良剂对南方高丛蓝浆果品种'蓝美1号'组培苗茎段瓶外生根的影响[J].植物资源与环境学报，(3):69-71.

於虹，曾其龙，杨曙方，等，2018.中国蓝莓产业中品种资源的选用取向与创新[J].浙江农业科学，59(6): 924-927.

曾其龙，田亮亮，韦继光，等，2018.蓝莓品种灿烂产量的测定及分析[J].落叶果树，50(2):12-13.

曾其龙，董刚强，田亮亮,等，2019.椰糠在蓝莓基质栽培上的应用[J].果农之友，9:2.

Birkhold K T, Koch K E, Darnell R L,1992. Carbon and nitrogen economy of developing rabbiteye blueberry fruit[J]. Journal of the American Society for Horticultural Science, 117(1): 139-145.

Cano-Medrano R, Darnell R,1997.Cell number and cell size in parthenocarpic vs. Pollinated blueberry (*Vaccinium ashei*) fruits[J]. Annals of Botany, 80(4): 419-425.

Darnell R L,2006.Blueberry botany/Environmental Physiology[J].Blueberries.

Darnell R L,1991.Photoperiod, carbon partitioning, and reproductive development in rabbiteye blueberry[J]. Journal of the American Society for Horticultural Science, 116(5): 856-860.

Darnell R L, Davies F E,1990.Chilling accumulation, budbreak, and fruit set of young rabbiteye blueberry plants[J]. HortScience, 25:635-638.

Eck P,1988. Blueberry Science[J]. Blueberry Science.

Eck P, Gough R E, Hall I V,et al.,1990. Blueberry management[M]. In: Galletta G J and Himelrick D G(eds) Small Fruit Crop Management. Prentice Hall, Upper Saddle River, New Jersey:273-333.

Edwards T.W., Sherman W.B., and Sharpe R.H., 1970. Fruit Development in Short and Long Cycle Blueberries[J]. HortScience, 5(4):274-275.

Fulcher A, Gauthier N W, Klingeman W E, et al.,2015. Blueberry culture and pest, disease, and abiotic disorder management during nursery production in the southeastern US: A review [J]. Journal of Environmental Horticulture, 33(1): 33-47.

Fuqua B, Byers P, Daps M, et al., 2005.Growing blueberries in Missouri[J]. State Fruit Experiment Station, Missouri State University, Mountain Grove, Missouri.

Hall I V, Craig D L, Aalders L E,1963. The effect of photoperiod on the growth and flowering of the highbush blueberry (*Vaccinium corymbosum* L.) [J]. Proceedings of the American Society for Horticultural Science, 82: 260-263.

Hancock J F, Nelson J W, Bittenbender H C, et al.,1987. Variation among highbush blueberry cultivars in susceptibility to spring frost[J]. Journal of the American Society for Horticultural Science, 112(4): 702-706.

Hanson E J, Hancock J F, 1996.Managing the nutrition of highbush blueberries[R].Michigan State University Extension, East Lansing, Michigan.

Hanson E J, 2001.Phosphorus management in Michigan fruit crops[J]. Massachusetts Berry Notes.

Hart J, Strik B, White L,et al.,2006.Nutrient management for blueberries in Oregon[M]. Oregon State University Extension Service, Corvallis, Oregon.

Hirschi K D,2004.The calcium conundrum. Both versatile nutrient and specific signal[J]. Plant physiology, 136(1): 2438-2442.

Holzapfel E A, 2009.Selection and management of irrigation systems for blueberry[J]. Acta Hortic,810:641-648.

IBO,2021. Global state of the blueberry industry report[R].

Keen B, Slavich P,2012.Comparison of irrigation scheduling strategies for achieving water use efficiency in highbush blueberry [J]. New Zealand Journal of Crop and Horticultural Science, 40(1): 3-20.

Kingston P H, Scagel C F, Bryla D R, 2017.Suitability of sphagnum moss, coir, and douglas fir bark as soilless substrates for container production of highbush blueberry[J]. HortScience, 52(12):

1692-1699.

Korcak R F, 1989.Variation in nutrient requirements of blueberries and other calcifuges[J]. HortScience, 24(4): 573-578.

Krewer G, NeSmith D S, 1999.Blueberry fertilization in soil[J].

Lin W, Pliszka K, 2003.Comparison of spring frost tolerance among different highbush blueberry (*Vaccinium corymbosum* L.) cultivars[J]. Acta Horticulturae, 262:337-341.

Lobos G A, Retamales J B, Hancock J F, et al.,2012. Spectral irradiance, gas exchange characteristics and leaf traits of *Vaccinium corymbosum* L. 'Elliott' grown under photo-selective nets[J]. Environmental and Experimental Botany, 75: 142-149.

Lobos G A, Retamales J B, del Pozo A, et al.,2009. Physiological response of *Vaccinium corymbosum* L. cv. Elliott to shading nets in Michigan[J]. Acta Horticulturae, 810:465-470.

Lyrene P M, 2008. 'Emerald' southern highbush blueberry[J]. Hortscience, 43(5):1606-1607.

Lyrene P M, Sherman W B, 2000. 'Star' southern highbush blueberry[J]. Hortscience, 35(5):956-957.

Moon J W, Fiore J A, Hancock J F, 1987. A comparison of carbon and water vapor gas exchange characteristics between a diploid and highbush blueberry[J]. Journal of the American Society for Horticultural Science, 112: 134-138.

Norvell D J, Moore J N, 1982.An evaluation of chilling models for estimating rest requirements of highbush blueberry[J]. Journal of the American Society for Horticultural Science, 107: 54-56.

Ochmian I, Grajkowski J, Skupień K, 2010.Effect of substrate type on the field performance and chemical composition of highbush blueberry cv. Patriot[J]. Agricultural and Food Science, 19(1): 69-80.

Pinto R M, Mota M, Oliveira C M, et al.,2017. Effect of substrate type and pot size on blueberry growth and yield: first year results. [J]. Acta horticulturae, 517-522.

Retamales J B, Montecino J M, Lobos G A, 2008. Colored shading nets increase yields and profitability of highbush blueberries[J]. Acta Horticulturae, 770: 193-197.

Stiles W C, Reid W S, 1991.Orchard nutrition management[N]. Cornell Cooperative Extension, Ithaca, New York.

Teramura A H, Davies F S, Buchanan D W, 1979.Comparative photosynthesis and transpiration in excised shoots of rabbiteye blueberry[J]. Hort Science, 14: 723-724.

Voogt W, Dijk P, Douven F, et al.,2014. Development of a soilless growing system for blueberries

(*Vaccinium corymbosum*): nutrient demand and nutrient solution[J]. Acta horticulturae, 215-222.

Williamson J G, Mejia L, Ferguson B, et al., 2015. Seasonal water use of southern highbush blueberry plants in a subtropical climate [J]. HortTechnology, 25(2): 185-191.

Yariez P, Retamales J B, Lobos G A, et al.,2009. Light environment within mature rabbiteye blueberry canopies influences flower bud formation[J]. Acta Horticulturae, 810: 471-474.